# 编委会

主　　编　杨　飞　朱志明　马广福　李　昱

副 主 编　刘春光　陈晓军　王　华　王　瑞

参编人员　（按姓氏笔画排列）

王超博　左佳伟　田芸瑞　任　杨　刘　维

刘文莉　刘永亮　芦红萍　李金吉　李宗泽

杨自建　杨晓婉　连金番　何芳芳　张　丽

张　薇　张双喜　陈　洁　陈彩芳　周兴隆

郑一村　赵　鑫　赵志伟　赵学智　赵保收

哈东兴　秦国文　贾　文　黄玉峰　黄继兵

屠岩峰　普正菲　靳　韦　樊　明

技术指导　马自清

YINHUANG GUANQU MAIHOU
FUZHONG ZAIPEI JISHU

# 引黄灌区麦后复种栽培技术

宁夏回族自治区农业技术推广总站　主编

黄河出版传媒集团
阳光出版社

图书在版编目 (CIP) 数据

引黄灌区麦后复种栽培技术 / 宁夏回族自治区农业
技术推广总站主编. -- 银川：阳光出版社, 2024. 10.
ISBN 978-7-5525-7518-7

Ⅰ. S31

中国国家版本馆 CIP 数据核字第 2024K8Z252 号

**引黄灌区麦后复种栽培技术**　　宁夏回族自治区农业技术推广总站　主编

责任编辑　朱双云　李少敏
封面设计　赵　倩
责任印制　岳建宁

黄河出版传媒集团　出版发行
阳　光　出　版　社

出 版 人　薛文斌
地　　址　宁夏银川市北京东路 139 号出版大厦 (750001)
网　　址　http://ssp.yrpubm.com
网上书店　http://shop129132959.taobao.com
电子信箱　yangguangchubanshe@163.com
邮购电话　0951-5047283
经　　销　全国新华书店
印刷装订　宁夏银报智能印刷科技有限公司
印刷委托书号　（宁)0031100

开　　本　880 mm×1230 mm　1/32
印　　张　2.75
字　　数　70 千字
版　　次　2024 年 10 月第 1 版
印　　次　2024 年 10 月第 1 次印刷
书　　号　ISBN 978-7-5525-7518-7
定　　价　28.00 元

# 前　言

　　宁夏引黄灌区地处西北中部干旱带，光、热资源丰富，灌溉条件得天独厚，属于西北典型的 "一熟有余，两熟不足"地区。20 世纪 90 年代中期，引黄灌区平罗县、贺兰县、永宁县、利通区、灵武市、中宁县等地开始发展小麦套种玉米、小麦收获后复种蔬菜等种植模式。此时，宁夏乃至我国蔬菜种植面积少，不能满足群众需求，大白菜和莲花菜是群众冬季的主要蔬菜，因此，复种蔬菜价格高、效益好。这一时期，麦后复种面积增长较快，种植规模占灌区小麦面积的 1/3 以上，最高峰在 2013 年前后，约 50 万亩。2014 年前后引黄灌区开始实施以冬小麦北移种植及粮经饲三元高效种植为代表的种植业结构调整，宁夏小麦套种玉米面积逐渐减少，引黄灌区小麦由 2005 年的 179 万亩减少到 2013 年的 73.3 万亩，减少了 59.1%。加上全国市场物流快速发展，复种蔬菜价格不稳定，复种作物逐渐由蔬菜转向大豆、油用向日葵、饲草、糜子等，形成粮菜、粮油、粮饲、粮粮四种复种模式，其后面积也逐渐稳定在 30 万亩左右。

　　针对复种模式的逐渐增多，2014 年，由原宁夏回族自治区农牧厅提出并归口，由宁夏回族自治区农业技术推广总站牵头，联合引黄灌区推广麦后复种的县（区）农业技术推广服务中心等单位，系统总结引黄灌区麦后复种技术，并组织编制了《引黄灌区麦后复种栽培技术规范》及系列标准，目的在于：一是改引黄灌区小麦套种两熟制为复种两熟制，从根本上促进引黄灌区耕作制度改革。二是通过麦后复种提高小麦综合效益，为稳定恢复小麦面积及供应提供保障。三是促进种植业结构调整和增加农民收入。四是为大面积生产提供技术规范。但随着农业现代化的快速发展，10年来，宁夏小麦及复种的蔬菜、饲草、粮食、油料在育种技术、机械作业、种植制度、栽培技术等方面有了较大发展，2014年制定的《引黄灌区麦后复种栽培技术规范》中的主要栽培品种、栽培方式、病虫害绿色防控、水肥管理等部分技术措施已经无法指导目前生产，尤其是一些作物病虫害加剧、产量及品质较低，不能满足当前市场的需求。于是宁夏回族自治区农业技术推广总站牵头，联合引黄灌区推广麦后复种的利通区、青铜峡市、永宁县、贺兰县农业技术推广服务中心等单位，在2014年《引黄灌区麦后复种栽培技术规范》的基础上，系统总结近年来麦后复种生产实践和大量技术试验经验，并充分考虑现代作物育种成果、现代农机发展水平、新时期消费市场对食品的安全需求，修订了19种麦后复种技术规程，主要从适宜范围、小麦复种作物技术组合原则、种植模式、直播和移栽作物栽培技术等方面修订了复种作物栽培技术规范。标准的实施和推广应用，可显著提高宁夏区域内复种作物的产量、质量和效益，从而推动区域内农业标准化生产的发展，为当地农业增产、农民增收提供技术保障。为更好地指导宁夏麦后实际生产，我站决定将修订后的标准编印成书。

感谢国家重点研发计划项目西北灌漠土区多样化种植保墒培肥与产能提升技术模式与应用的课题五——沿黄灌区增碳培肥产能提升多样化种植及技术模式集成与示范（2022YFD1900205）、2022年自治区青年拔尖人才培养工程（贺兰县农业技术推广服务中心）、2020年自治区青年拔尖人才培养工程（中卫市农业技术推广与培训中心）对本书的经费资助，同时向所有在《引黄灌区麦后复种栽培技术》图书出版中给予我们帮助和支持的同志致以最诚挚的谢意。

由于水平有限，书中错误、不妥之处在所难免，恳请广大读者批评指正。

宁夏回族自治区农业技术推广总站

2024 年 7 月

# 目　录

# 引黄灌区麦后复种栽培技术规范

## 1 范围

本文件规定了引黄灌区麦后复种其他作物的技术原则、复种技术模式、小麦后复种作物及技术要求等内容。

本文件适用于引黄灌区排灌水有保障、无盐碱危害或危害较轻、肥力中上等的壤土地区。

## 2 规范性引用文件

本文件没有规范性引用文件。

## 3 术语和定义

本文件没有需要界定的术语和定义。

## 4 小麦复种技术原则

### 4.1 因地制宜

根据市场需求、劳动力资源、前茬小麦收获时间、后作复种时间、种植方式、灌溉条件、合理轮作倒茬等种植技术基础及要求，选择适宜的麦后复种作物和种植模式，精心规划、合理安排。

### 4.2 品种适宜

前作小麦成熟收获后，复种后作选择生育期50~110 d，能够在10月中旬达到产品安全收获标准的直播或移栽作物品种。

## 4.3 技机融合

前作小麦和后作在整地、播种、病虫草害防治、收获等田间作业环节应最大限度地利用机械化操作，减少农艺操作程序，既满足当前状况，又兼顾未来农业现代化发展的可持续性要求。

## 4.4 效益最大

投入与产出比相对合理，即人工、化肥、农药等生产投入成本相对较低，两茬的产品或产值明显高于单季作物。

## 4.5 抢收抢早

前作小麦成熟后要及时收获，或种植早熟小麦品种，为后作提供生长时间和空间。小麦收获后要及时整地，通常整地后不超过 2 d（墒情好时）抢墒播种，播种距离前作收获期在时间上宜早不宜迟。直播作物要在小麦收获前 10 d 灌麦黄水，为后作增加底墒。生育期较长的复种移栽类蔬菜作物在算好移栽期时要适期提前育苗。

# 5 小麦复种技术模式

小麦复种技术模式包括粮菜模式、粮饲模式、粮油模式和粮粮模式，见图 1。

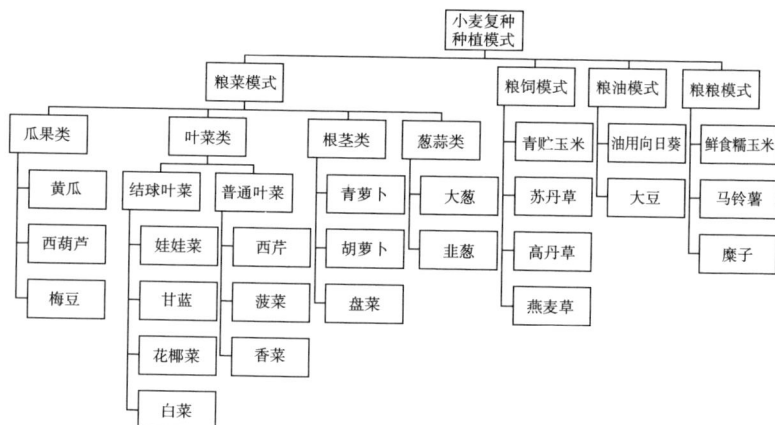

图 1 小麦复种技术模式

## 6 小麦后复种作物及技术要求

小麦后复种作物按前茬小麦、复种时间、种植方式、灌溉方式、轮作倒茬类型划分，具体技术要求见表1。

表1 小麦后复种作物及技术要求

| 划分依据 | 类别 | 复种作物 | 技术要求 |
|---|---|---|---|
| 前茬小麦 | 冬小麦后 | 瓜果类中的黄瓜、西葫芦、梅豆，普通叶菜类中的西芹、菠菜、香菜，根茎类中的胡萝卜，葱蒜类中的大葱、韭葱，饲草类中的青贮玉米，油料类中的油用向日葵、大豆，粮食类中的鲜食糯玉米等 | 复种作物生育期在80~110 d |
| | 春小麦后 | 结球叶菜类中的娃娃菜、甘蓝、花椰菜、白菜，普通叶菜类中的菠菜、香菜，根茎类中的青萝卜、盘菜，饲草类中的苏丹草、高丹草、燕麦草，粮食类中的马铃薯、糜子等 | 复种作物生育期在80~100 d |
| 复种时间 | 7月15日前 | 瓜果类中的黄瓜、西葫芦、梅豆，普通叶菜类中的西芹，根茎类中的胡萝卜，葱蒜类中的大葱、韭葱，饲草类中的青贮玉米，油料类中的油用向日葵、大豆，粮食类中的鲜食糯玉米等 | 喜温或对积温要求高的作物，种植时间宜早不宜迟 |
| | 7月15日后 | 结球叶菜类中的娃娃菜、甘蓝、花椰菜、白菜，根茎类中的青萝卜、盘菜，饲草类中的苏丹草、高丹草、燕麦草，粮食类中的马铃薯、糜子等 | 喜凉作物 |
| 种植方式 | 直播 | 瓜果类中的西葫芦、梅豆，结球叶菜类中的白菜，普通叶菜类中的菠菜、香菜，根茎类中的青萝卜、胡萝卜、盘菜，饲草类中的青贮玉米、苏丹草、高丹草、燕麦草，油料类中的油用向日葵、大豆，粮食类中的马铃薯、糜子等 | 宜直播种植 |

| 划分依据 | 类别 | 复种作物 | 技术要求 |
|---|---|---|---|
| 种植方式 | 移栽 | 瓜果类中的黄瓜，结球叶菜类中的娃娃菜、甘蓝、花椰菜，普通叶菜类中的西芹，葱蒜类中的大葱、韭葱，粮食类中的鲜食糯玉米等 | 生育期长的作物须提前育苗 |
| | 起垄 | 瓜果类中的黄瓜、西葫芦，结球叶菜类中的娃娃菜、甘蓝、花椰菜、白菜，根茎类中的青萝卜、盘菜，粮食类中的马铃薯等 | 种子顶土能力弱、易受土壤板结影响的稀植作物 |
| | 平栽 | 瓜果类中的梅豆，根茎类中的胡萝卜，饲草类中的青贮玉米、苏丹草、高丹草、燕麦草，油料类中的油用向日葵、大豆，粮食类中的糜子等 | 中高秆密植作物 |
| | 覆膜 | 瓜果类中的黄瓜、西葫芦等 | 需增墒抑制杂草以保证品质的作物 |
| | 露地 | 除瓜果类中的黄瓜、西葫芦等外的其他作物 | |
| 灌溉方式 | 滴灌 | 结球叶菜类中的甘蓝、花椰菜，油料类中的油用向日葵等 | 有滴灌条件的高效益作物 |
| | 漫灌 | 所有麦后复种作物 | |
| 轮作倒茬类型 | 忌迎茬 | 瓜果类、叶菜类、葱蒜类、油料类 | 叶菜类、油料类须实行2年以上、葱蒜类须实行3年以上、瓜果类须选择间隔3~5年轮作的麦茬地 |
| | 可迎茬 | 根茎类、饲草类、粮食类 | 不限茬口 |

原地方标准号：DB/T 975—2014。

本文件主要起草单位：宁夏回族自治区农业技术推广总站、永宁县农业技术推广服务中心、吴忠市利通区农业技术推广服务中心。

本文件主要起草人：马自清、刘春光、朱志明、杨飞、杨自建、赵志伟、杨晓婉、黄玉峰、屠岩峰、陈晓军、马金国、连金番。

# 引黄灌区小麦大豆复合种植技术规程

## 1 范围

本文件规定了引黄灌区小麦大豆复合种植播前准备、品种选择、播种技术、田间管理、小麦收获、复种大豆、复种大豆品种、复种播种技术、复种大豆灌水追肥、复种大豆收获等栽培技术要素。

本文件适用于引黄灌区排灌水有保障、盐碱较轻、肥力中上等的壤土地区。

## 2 规范性引用文件

本文件没有规范性引用文件。

## 3 术语和定义

下列术语和定义适用于本文件。

复合种植：指把两种或两种以上的作物按照一定间隔种在一起。

注：本文件特指宽幅小麦套种中晚熟大豆，在小麦收获后复种一茬早熟大豆的一年三熟带状复合种植方式。

## 4 播前准备

### 4.1 选地

选择地势平坦、排灌方便、地力较好、盐碱较轻的地块。

## 4.2 整地施肥

前茬作物收获后进行深翻作业并进行充分冬灌，翌年早春耙耱整地，做到上虚下实、表土细碎，结合整地每 666.7 m² 基施无害化腐熟堆肥 1 000~1 500 kg 或商品有机肥 150~200 kg，同时每 666.7 m² 施尿素 15 kg、磷酸二铵 5 kg、硫酸钾 7 kg。4月中旬种植大豆时在大豆带每 666.7 m² 施用磷酸二铵 3.5 kg 和硫酸钾 5 kg，肥料距离大豆种子 5~6 cm，深度 8~10 cm。

# 5 品种选择

## 5.1 小麦品种

选择高产、优质、抗逆性强、生育期 100 d 左右的中早熟品种。

## 5.2 套种大豆品种

选择直立、耐阴、耐密、抗倒伏、结荚高度一致、适合机收、生育期 135 d 以上的中晚熟品种。

# 6 播种技术

## 6.1 播种方式和规格

采用播幅 2.1~2.3 m 耕播一体匀播机，或行距 12.5 cm 的等行距条播机播种，或宽行 18 cm、窄行 7 cm 的宽窄行条播机播种，小麦每幅播 20 行或 18 行（20：4 模式即 20 行小麦 4 行大豆，18：4 模式即 18 行小麦 4 行大豆）。春小麦播种时两带之间预留 140 cm 大豆带。套种大豆采用精量播种机播种，大豆距小麦边行 25 cm，大豆匀行播 4 行，行距 30 cm，株距 7 cm 左右。

## 6.2 播种期

小麦适宜播种期为 2 月下旬至 3 月上旬。套种大豆适宜播种期为 4 月中旬（小麦灌第 1 水前 10 d）。

## 6.3 播种量

每666.7 m² 小麦带播种量为18~21 kg，保苗30万~33万株，播种时带种肥磷酸二铵10~12.5 kg，种肥分离。大豆带播种量为1万~1.1万粒，保苗9 000~10 000株。

## 6.4 播种深度

小麦及套种大豆播种深度均为3~4 cm。

# 7 田间管理

## 7.1 灌水追肥

### 7.1.1 小麦灌水追肥

4月上旬，小麦2叶1心前在小麦带每666.7 m² 机播旱追或在4月下旬结合灌第1水追施尿素12.5 kg。第1水与第2水间隔时间在15~20 d。小麦抽穗前灌第3水。全生育期灌水3~4次。

### 7.1.2 套种大豆灌水追肥

大豆分枝期到初花期结合灌第3水在大豆带每666.7 m² 追施尿素5 kg。

## 7.2 病虫草害防治

小麦大豆复合种植主要病虫草害化学防治方法见表1。

**表1 小麦大豆复合种植主要病虫草害化学防治方法**

| 类别 | 防治对象 | 防治时期 | 推荐药剂、使用剂量和施用方法 | 注意事项 |
|------|---------|---------|------------------------------|---------|
| 小麦 | 阔叶杂草 | 4月中旬 | 每666.7 m² 选用900 g/L 2, 4-滴异辛酯乳油50~70 mL 或10%苯磺隆可湿性粉剂9~15 g兑水30 kg喷雾 | |
| 小麦 | 禾本科杂草 | 4月中旬 | 每666.7 m² 选用69 g/L 精噁唑禾草灵水乳剂50~70 mL 或15%炔草酯微乳剂25~35 mL兑水30 kg喷雾 | |

| 类别 | 防治对象 | 防治时期 | 推荐药剂、使用剂量和施用方法 | 注意事项 |
|---|---|---|---|---|
| 小麦和套种大豆 | 小麦条锈病、白粉病、蚜虫、大豆锈病、黑斑病、棉铃虫、黏虫、叶甲类害虫、红蜘蛛 | 6月上旬 | 每666.7 m² 选用杀虫剂5%啶虫脒乳油 18~24 mL、50 g/L高效氯氟氰菊酯乳油 10~15 mL、25%噻虫嗪等水分散粒剂 6~10 g，复配杀菌剂80%戊唑醇水分散粒剂 10~12 g、70%氟环唑水分散粒剂 8~12 g、25%粉锈宁可湿性粉剂 25~35 g、80%多菌灵可湿性粉剂 70~90 g、25%丙环唑乳油 30~36 mL 等兑水 30 kg 喷雾 | |
| 套种大豆 | 大豆带杂草 | 4月中下旬到5月上中旬 | 4月中下旬每666.7 m² 选用50%乙草胺乳油 180~240 mL 或5月上中旬选用48%仲丁灵乳油 250~300 mL 兑水 30 kg定向隔离喷雾，喷雾后浅混土 3~5 cm 封闭除草 | 定向隔离 |
| 复种大豆 | 杂草 | 7月上中旬 | 每666.7 m² 选用 960 g/L 精异丙甲草胺乳油 50~85 mL 或80%唑嘧磺草胺水分散粒剂 4~5 g 或 50%乙草胺·噻吩磺隆乳油 80~100 mL 兑水 30 kg 喷雾进行土壤封闭除草 | 复种大豆带封闭 |
| 复种大豆 | 禾本科杂草 | 7月下旬 | 每666.7 m² 选用 5%精喹禾灵乳油 60~70 mL 或 108 g/L 高效氟吡甲禾灵乳油 28~32 mL 或 240 g/L 烯草酮乳油 20~30 mL 兑水 30 kg 喷雾 | |
| 复种大豆 | 阔叶杂草 | 7月下旬 | 每666.7 m² 选用 20%乙羧氟草醚乳油 20~27 mL 或 480 g/L 灭草松水剂 150~200 mL 或 250 g/L 氟磺胺草醚水剂 100~120 mL 兑水 30 kg 喷雾 | |

## 8 小麦收获

7 月上旬，春小麦蜡熟末期进行机械收割。

## 9 复种大豆

### 9.1 复种准备

6 月 25 日左右春小麦收获前浅灌麦黄水或在小麦收获后及时灌水造墒。7 月 10 日左右，对前茬春小麦及时收割腾茬。

### 9.2 整地施基肥

在墒情适宜的条件下选用旋耕镇压一体机整地，做到上虚下实、表土细碎，结合整地每 666.7 m² 施尿素 6.5 kg、磷酸二铵 4 kg、硫酸钾 6.5 kg。

## 10 复种大豆品种

选择直立、耐密、抗旱、适合机收、生育期 100 d 左右的早熟或极早熟品种。

## 11 复种播种技术

### 11.1 播种方式和规格

采用 30~40 cm 的等行距精量播种机播种，株距 4~5 cm。20：4 模式在原有小麦带茬口上复种 6 行大豆，18：4 模式在原有小麦带茬口上复种 4 行大豆。

### 11.2 播种期

适宜播种期为 7 月 10 日前后，最迟不得超过 7 月 15 日。

### 11.3 播种量

每 666.7 m² 播种量为 1.6 万~2.3 万粒。

## 11.4 播种深度

播种深度3~4 cm。

## 12 复种大豆灌水追肥

开花结荚期、鼓粒期各灌水 1 次。结合大豆开花结荚期灌水每 666.7 m² 追施尿素 5 kg。

## 13 复种大豆收获

复种大豆于 9 月下旬至 10 月上旬茎叶及豆荚变黄、落叶率达到 80%时机械收获。也可与套种大豆一并收获。

地方标准号：DB/T 2044—2024。

本文件主要起草单位：宁夏回族自治区农业技术推广总站、永宁县农业技术推广服务中心、贺兰县农业技术推广服务中心、平罗县农业技术推广服务中心、中宁县农业技术推广服务中心。

本文件主要起草人：杨飞、朱志明、马自清、崔勇、刘春光、张战胜、马广福、周兴隆、杨自建、刘静、任杨、张薇、靳韦、左佳伟、李宗泽、樊明、杜伟、芦红萍、卜燕燕、赵学智、何芳芳。

# 引黄灌区麦后复种马铃薯栽培技术规程

## 1 范围

本文件规定了引黄灌区麦后复种马铃薯的播前准备、播种、田间管理、病虫害防治、收获等技术。

本文件适用于宁夏引黄灌区，同时适用于扬黄灌区。

## 2 规范性引用文件

下列文件中的内容通过文中的规范性引用而构成本文件必不可少的条款。其中，注日期的引用文件，仅该日期对应的版本适用于本文件；不注日期的引用文件，其最新版本（包括所有的修改单）适用于本文件。

GB 18133 马铃薯种薯

GB/T 21633 掺混肥料（BB 肥）

GB 15063 复混肥料（复合肥料）

GB/T 8321 农药合理使用准则

NY/T 525 有机肥料

NY/T 2911 测土配方施肥技术规程

NY/T 394 绿色食品 肥料使用准则

## 3 术语和定义

下列术语和定义适用于本文件。

## 3.1 脱毒种薯

应执行 GB 18133 的规定。

## 3.2 休眠期

在自然条件下马铃薯块茎从收获到幼芽自然萌发的时期。

# 4 播前准备

## 4.1 选地

选择地势平坦、排灌方便、地力均匀、土层深厚、盐碱较轻的偏沙性地块。

## 4.2 整地

### 4.2.1 造墒

复种马铃薯播前土壤含水量以 60%~70% 为宜，土壤墒情不足的，采用适宜的灌溉方式造墒，使播前土壤含水量达到 60%~70%。

### 4.2.2 深翻灭茬

小麦收获后结合施基肥及时深翻灭茬，耕深 30 cm 以上。

### 4.2.3 施足基肥

应用测土配方施肥技术，有机、无机肥料配合施用。整地时每 666.7 m² 基施优质腐熟农家肥 3 000 kg 或商品有机肥 150~200 kg；结合旋耕每 666.7 m² 撒施尿素 10~15 kg、磷酸二铵 8~12 kg、硫酸钾 15~20 kg 或三元复合肥（18-18-18）70 kg。

## 4.3 品种选择

选择生育期 70 d 左右的中早熟品种，如费乌瑞它、克新 1 号、V7 等。

## 4.4 种薯选择

选择已过休眠期、无病虫害、具该品种特性的脱毒种薯。

## 4.5　种薯处理

### 4.5.1　整薯播种

应采用 20~50 g 脱毒小整薯播种，降低种薯播后感病率、腐烂率。

### 4.5.2　切种

播前 3~5 d 切种，先纵切，再横切，切块大小以 30~50 g 为宜，每块有 1~2 个芽眼。加强切刀消毒，每人准备 2 把切刀，每把使用 8~10 min 后或切到病薯、烂薯时在 0.5%高锰酸钾溶液或 75%酒精中浸泡 1~2 min。切好的薯块用滑石粉 20 kg 和 70%甲基托布津可湿性粉剂 600 g 和中生菌素 300 g 及时拌种，使每个切块都能沾上药剂，并摊晾，使伤口愈合，忌堆积过厚，以防烂种。

# 5　播种

## 5.1　播种时间

7 月 15 日前完成播种。

## 5.2　播种方法

单垄单行露地种植，一次性完成起垄、播种作业，垄高 8~12 cm。

## 5.3　播种深度

播种深度以 5~6 cm 为宜。

## 5.4　播种密度

行距 90 cm，株距 16~18 cm，每 666.7 m² 保苗 4 000~4 500 株。

# 6　田间管理

## 6.1　破板结

播种后如遇雨土壤板结，及时用钉齿耙破除。

## 6.2 中耕培土

当出苗率达 85%时，进行第 1 次中耕浅培土，培土高度 5 cm
左右；现蕾期进行第 2 次中耕高培土，培土高度 15 cm 左右。中耕
培土应达到土松、草净、垄面逐次增高的效果。

## 6.3 追肥

看苗追肥。现蕾期结合中耕培土每 666.7 m² 追施尿素 8~10 kg、
磷酸二铵 3~6 kg、硫酸钾 5~8 kg。缺肥田块结合病虫害防治，每
666.7 m² 叶面喷施 0.3%~0.5%磷酸二氢钾溶液和尿素 100~150 g。

## 6.4 灌水

整个生长期应保持土壤含水量在 60%~80%。田间缺水及时滴灌
或喷灌，如果没有喷灌、滴灌条件，应顺垄沟浅灌水，以水位达到
垄高的 1/2 为宜。

## 6.5 田间除草

播后苗前采用 70%嗪草酮加 10.8%精喹禾灵加 33%二甲戊灵进
行封闭处理。苗期用 3%砜嘧磺隆加 12%烯草酮喷雾除草。

# 7 病虫害防治

主要病害有早疫病、晚疫病、黑胫病、疮痂病等，主要虫害
有蚜虫、白粉虱、蓟马、二十八星瓢虫及蛴螬、金针虫、地老虎
等地下害虫。

## 7.1 农业防治

选用抗病品种和无病种薯，加强田间管理，及时拔除病株并销
毁。施酸性肥料，在块茎形成期增加土壤湿度，可减轻疮痂病危害。

## 7.2 物理防治

### 7.2.1 灯诱杀

每 2 hm² 放置黑光灯、频振式杀虫灯等灯诱设备 1 台，对部分

地下害虫成虫进行诱杀。

### 7.2.2 黄蓝板诱杀

每 666.7 m² 张挂黄蓝板 25~30 片,诱杀蚜虫、白粉虱、蓟马等害虫。

### 7.2.3 食诱杀

每 666.7 m² 放置食诱捕器 2~3 个,或用白酒、红糖、醋、水按 1:1:4:16 的比例混合,加入少量有机磷杀虫剂,拌匀后悬挂在距地表 1 m 处诱杀地老虎、黏虫等害虫。

## 7.3 化学防治

使用农药时应严格执行有效成分的安全间隔期,合理混用、交替使用不同作用机制的药剂。

### 7.3.1 病害防治

马铃薯齐苗后,早疫病、晚疫病在发病前或发病初期可选用 70%代森锰锌可湿性粉剂 600~800 倍液等喷雾,发病后可选用 25% 嘧菌酯悬浮剂 1 000~1 500 倍液或 72%甲霜灵·锰锌可湿性粉剂 800~1 000 倍液等喷雾;黑胫病、疮痂病可选用 77%氢氧化铜可湿性粉剂 400~600 倍液等喷雾。

注:具体防控药剂及施用方法见表 1,农药的使用应符合 GB/T 8321 的规定。

**表 1 马铃薯主要病虫害化学防治方法**

| 类别 | 防治对象 | 防治时期 | 推荐药剂 | 使用剂量 | 施用方法 |
|---|---|---|---|---|---|
| 病害 | 早疫病、晚疫病 | 发病初期 | 70%代森锰锌可湿性粉剂 | 40 g/666.7 m²~50 g/666.7 m² | 喷雾 |
| | | 发病后期 | 25%嘧菌酯悬浮剂 | 20 g/666.7 m²~30 g/666.7 m² | 喷雾 |
| | | | 72%甲霜灵·锰锌可湿性粉剂 | 30 g/666.7 m²~37.5 g/666.7 m² | 喷雾 |

| 类别 | 防治对象 | 防治时期 | 推荐药剂 | 使用剂量 | 施用方法 |
|------|----------|----------|----------|----------|----------|
| 病害 | 黑胫病、疮痂病 | 播种前 | 滑石粉 | 7 000 g/100 kg~10 000 g/100 kg | 拌种 |
| | | | 70%甲基托布津可湿性粉剂 | 300 g/100 kg | 拌种 |
| | | | 中生菌素 | 150 g/100 kg | 拌种 |
| | | 发病初期 | 77%氢氧化铜可湿性粉剂 | 50 g/666.7 m²~75 g/666.7 m² | 喷雾 |
| 虫害 | 地下害虫（蛴螬、金针虫、地老虎） | 播种前 | 3%辛硫磷颗粒剂 | 1 500 g/666.7 m²~2 000 g/666.7 m² | 撒施 |
| | 蚜虫、白粉虱、蓟马、二十八星瓢虫等害虫 | 始发初期 | 10%吡虫啉可湿性粉剂 | 7.5 g/666.7 m²~10 g/666.7 m² | 喷雾 |
| | | | 10%氯氰菊酯乳油 | 10 mL/666.7 m²~15 mL/666.7 m² | 喷雾 |
| | | | 2.5%氯氟氰菊酯乳油 | 7.5 mL/666.7 m²~8.5 mL/666.7 m² | 喷雾 |
| | | | 5%啶虫脒乳油 | 25 mL/666.7 m²~30 mL/666.7 m² | 喷雾 |
| | | | 10%蚜虱净可湿性粉剂 | 25 g/666.7 m²~30 g/666.7 m² | 喷雾 |

## 7.3.2 虫害防治

蚜虫、白粉虱、蓟马、二十八星瓢虫等害虫，可选用10%吡虫啉可湿性粉剂4 000~5 000倍液，或10%氯氰菊酯乳油2 000~3 000倍液，或2.5%氯氟氰菊酯乳油3 500~4 000倍液，或5%啶虫脒乳油1 000~1 200倍液，或10%蚜虱净可湿性粉剂1 000~1 200倍液，或氟氯氰菊酯加噻虫嗪等喷雾；蛴螬、金针虫、地老虎等地下害虫，可在播种时每666.7 m²用3%辛硫磷颗粒剂1.5~2 kg结合旋耕撒施防治。

注：具体防控药剂及施用方法见表 1，农药的使用应符合 GB/T 8321 的规定。

### 7.3.3 减量助剂技术

在配制的农药混合液中添加有机硅、矿物油、植物油等类型的农药减量助剂，借助其渗透性、延展性、扩散性，提高农药利用率，增强病虫草害防治效果，实现农药减量。

## 8 收获

根据生长情况、市场及霜冻来临的时间适时收获。收获前 5~10 d 机械杀秧，适时收获。收获后块茎及时装袋待售，避免碰伤、暴晒、雨淋、霜冻和长时间暴露在阳光下。


原地方标准号：DB/T 990—2014。

本文件主要起草单位：宁夏回族自治区农业技术推广总站。

本文件主要起草人：魏固宁、崔勇、张战胜、杨飞、李喜红、马广福、田恩平、陈彩芳、张国辉、马自清、马文礼、杨俊丽、张力、王晓嫒、陈玢、李安金、赵保收、高彬、赵东、倪万梅、张艳玲、何建国、李珍。

# 引黄灌区麦后复种鲜食糯玉米栽培技术规程

## 1 范围

本文件规定了引黄灌区冬麦后复种糯玉米的育苗、移栽、田间管理及采收等技术。

本文件适用于引黄灌区排灌水有保障、无盐碱危害或危害较轻、肥力中上等的壤土地区。

## 2 术语和定义

下列术语和定义适用于本文件。

### 2.1 糯玉米

即糯质型玉米,是玉米的一个亚种(类型)。

### 2.2 移栽

又称移植,指把苗床中的幼苗移栽到大田的作业。

## 3 品种选择及种子质量

### 3.1 品种选择

选择适合本地种植的品质优、生育期 90 d 左右、籽粒排列紧密、内容物丰富、口感好、适合加工的品种,如中夏玉 4 号、甜糯 8010 等。

### 3.2 种子质量

纯度≥96%,净度≥99%,发芽率≥85%,水分含量<13%。

## 4 育苗

### 4.1 育苗标准

育苗从播种到移栽控制在 12~15 d，移栽玉米苗龄为 3 叶 1 心，不超过 4 叶，株高控制在 15 cm 以内。

### 4.2 育苗时期

6 月 20 日左右育苗。

### 4.3 播种

可选择水稻育秧大棚或日光温室作为育苗场所，育苗盘选用 98 孔的塑料穴盘，育苗基质采用专用商品育苗基质。人工播种，每穴 1 粒，播深 1 cm，播后浇透水。每 666.7 m² 准备优质种苗 4 000 株。

### 4.4 苗期管理

出苗后，搭建遮阳网防止暴晒。每天下午 5 点以后喷洒清水 1 遍。移栽前适当控制水分，炼苗。2~3 叶时挪动育苗盘 1~2 次，防止种苗扎根入土。

## 5 移栽

### 5.1 整地起垄

前作冬麦于 6 月底及时收获，清理干净麦草及残茬。收获后及时整地，先深耕后耙耱，做到土碎地平，没有较大的土块。机械起垄，垄宽 65 cm，垄高 10~12 cm，垄间沟宽 65 cm。

### 5.2 施基肥

结合整地施基肥，每 666.7 m² 施 40%玉米配方肥（20-15-5）40 kg、磷酸二铵 10 kg。

## 5.3 移栽

### 5.3.1 移栽期

适宜移栽期为 7 月 1 日至 7 月 6 日。

### 5.3.2 移栽密度

采用均行 65 cm、株距 25 cm 规格。每 666.7 m² 移栽密度控制在 4 000 株。

### 5.3.3 移栽要求

带土移栽，机械或人工移栽均可。垄上移栽，移栽点距垄边 5 cm，垄上行距 55 cm。移栽时大小苗分开，移栽后及时灌水。

# 6 田间管理

## 6.1 灌水追肥

移栽后立即灌水，不能隔日。5~6 叶时灌第 2 水，抽雄期灌第 3 水。结合灌第 2 水每 666.7 m² 追施尿素 20 kg，结合灌第 3 水每 666.7 m² 追施尿素 10~15 kg。

## 6.2 病虫草害防治

### 6.2.1 杂草防除

整地起垄前每 666.7 m² 用 50% 乙草胺乳油 150 g 封闭，拔节前结合中耕锄草。

### 6.2.2 虫害防治

黏虫可选用 200 g/L 氯虫苯甲酰胺悬浮剂，每 666.7 m² 用药 10~15 mL 兑水喷雾。

### 6.2.3 病害防治

玉米大、小斑病可选用 45% 代森铵水剂，每 666.7 m² 用药 78~100 mL 兑水喷雾。

## 7 适时采收与保鲜要求

采收期在籽粒乳熟期间。从外观看，果穗膨大到最大程度，花丝由黄变黑、苞叶由绿转黄、籽粒饱满且顶部圆而无凹陷；品尝籽粒食味，多汁、甜黏；推算采收时间在雌穗吐丝后 20~28 d。采收时间以清晨为好，采收后 24 h 内应及时加工或销售。

## 8 秸秆利用

秸秆在果穗采收后应及时刈割、加工、青贮。

原地方标准号：DB/T 989—2014。

本文件主要起草单位：宁夏回族自治区农业技术推广总站、灵武市农业技术推广服务中心。

本文件主要起草人：马自清、吴建勋、张仲军、芦红萍、周立萍。

# 引黄灌区麦后复种油用向日葵栽培技术规程

## 1 范围

本文件规定了引黄灌区小麦后复种油用向日葵的播前准备、播种、施肥、田间管理、主要病虫草害防治、收获和贮藏等技术。

本文件适用于引黄灌区排灌水有保障、盐碱危害较轻、肥力中上等的地区。

## 2 规范性引用文件

下列文件中的内容通过文中的规范性引用而构成本文件必不可少的条款。其中，注日期的引用文件，仅该日期对应的版本适用于本文件；不注日期的引用文件，其最新版本（包括所有的修改单）适用于本文件。

GB 4407.2—2008 经济作物种子 第2部分：油料类

GB/T 42478—2023 农产品生产档案记载规范

NY/T 496—2010 肥料合理使用准则 通则

NY/T 1276—2007 农药安全使用规范 总则

NY/T 3263.3—2020 主要农作物蜜蜂授粉及病虫害综合防控技术规程 第3部分：油料作物（油菜、向日葵）

## 3 术语和定义

本文件没有需要界定的术语和定义。

## 4 播前准备

### 4.1 选地

小麦收获前灌过麦黄水或播前墒情较好的地块，实行 2 年以上轮作。

### 4.2 整地

小麦收获后，及时整地，深翻灭茬，耕深 22~25 cm，然后对耙对耱，或采用旋耕机旋耕整地灭茬。采用免耕播种的，小麦低茬收获即可。

### 4.3 良种选用

#### 4.3.1 品种选用

选用抗逆、丰产、生育期在 90 d 内的杂交种。

#### 4.3.2 种子质量与处理

种子质量按照 GB 4407.2—2008 规定执行。播前晒种 1~2 d。

## 5 播种

### 5.1 播种期

整地后 3 d 内抢墒播种，于 7 月 15 日之前完成播种。

### 5.2 播种规格

采用油用向日葵专用播种机精量播种。等行距播种的，行距 50 cm；宽窄行播种的，宽行 60 cm，窄行 40 cm。株距 28~30 cm。每 666.7 m² 保苗 4 400~4 800 株。

### 5.3 播种深度

播种深度以 4~5 cm 为宜。

### 5.4 播种量

每 666.7 m² 播种量为 0.4~0.6 kg。

# 6 施肥

## 6.1 施基肥

播前结合整地每 666.7 m² 基施腐熟农家肥 1 500 kg 左右（或有机质含量在 30% 以上的商品有机肥 150 kg），并基施尿素 5~7.5 kg、磷酸二铵 5~8 kg、硫酸钾 10~15 kg。有机肥和化肥按照 NY/T 496—2010 规定使用。

## 6.2 追肥

### 6.2.1 根际追肥

现蕾初期，花蕾直径在 0.5~1 cm 时，每 666.7 m² 追施尿素 10~15 kg。

### 6.2.2 叶面追肥

现蕾初期使用 0.2% 硼砂叶面喷施。花期喷 0.3%~0.5% 磷酸二氢钾溶液，或 0.3%~0.5% 多元液态叶面肥，每 666.7 m² 喷 20 kg 左右，隔 7 天喷 1 次，喷 2 次即可。

# 7 田间管理

## 7.1 间苗、定苗、中耕除草

出苗前应及时破除板结。2~4 对真叶时结合中耕除草间苗、定苗。间苗时，选留大小一致、植株均匀的壮苗，要去弱留强、间密存稀。中耕深度 5~8 cm。

## 7.2 灌水

现蕾期、开花期灌 1~2 次水，灌浆期根据土壤墒情及降雨情况酌情灌水。灌水选择在无风天进行。

## 7.3 辅助授粉

### 7.3.1 放蜂辅助授粉

放蜂前 10 d 停止使用杀虫剂，放蜂数量按照 NY/T 3263.3—2020 规定执行。

### 7.3.2 无人机辅助授粉

开花期使用无人机于油用向日葵正上方 3 m 处利用气流扰动辅助授粉，授粉时间应在全田 70%植株开花后 2~3 d 开始，选择晴天上午露水落去后或下午 3：00 至日落时进行，每隔 3 d 授粉 1 次，共辅助授粉 2~3 次。

## 8 主要病虫草害防治

向日葵主要病虫草害化学防治方法见表 1，按照 NY/T 1276—2007 规定执行。

**表 1　向日葵主要病虫草害化学防治方法**

| 主要病虫草害 | 推荐药剂、使用剂量和施用方法 | 用药时期 | 使用次数 |
|---|---|---|---|
| 禾本科杂草、列当 | 每 666.7 m² 选用 108 g/L 高效氟吡甲禾灵乳油 60~80 mL 兑水 30 kg 喷雾 | 杂草 3~5 叶 | 1 次 |
| 蝼蛄、金针虫、地老虎 | 毒饵诱杀 | 全生育期 | 1 次 |
| 锈病 | 每 666.7 m² 选用 430 g/L 戊唑酮悬浮剂 16~18 mL 兑水 30 kg 喷雾 | 发病前期 | 1~2 次 |
| 菌核病 | 每 100 kg 种子选用咯菌腈悬浮种衣剂 900~1 200 mL 拌种 | 种子处理 | 1 次 |
| 褐斑病 | 每 666.7 m² 选用 30%吡唑醚菌酯悬浮剂 30~35 mL 兑水 30 kg 喷雾 | 发病前期 | 1~2 次 |

## 9 收获和贮藏

### 9.1 适期收获

当花盘背面发黄、茎秆黄色、舌状花脱落、种子壳坚硬时，选用油用向日葵专用收割机收获。

### 9.2 贮藏

收获后晾晒，当籽粒含水量达到 7%时贮藏。

### 9.3 清除病残体

收获时，将油用向日葵菌核病、霜霉病病株带出田外，集中烧毁或深埋。

## 10 生产档案记载

生产档案按照 GB/T 42478—2023 规定执行，详细记录产地环境、生产管理、病虫草害防治和采收等各环节所采取的具体措施，并保存不少于 3 年。

原地方标准号：DB/T 991—2014。

本文件主要起草单位：宁夏回族自治区农业技术推广总站、宁夏农林科学院农作物研究所、宁夏回族自治区农垦事业管理局农林牧技术推广服务中心。

本文件主要起草人：杨飞、朱志明、马文礼、刘春光、王平、张骞、张战胜、马广福、王昊、刘静、陈洁、芦红萍、靳韦、王雪、贾文、刘文莉。

# 引黄灌区麦后复种梅豆栽培技术规程

## 1 范围

本文件规定了引黄灌区麦后复种梅豆的播前准备、播种、田间管理、病虫害防治、适时收获、贮藏与运输、生产档案记载。

本文件适用于引黄灌区排灌水有保障、肥力中上等的地区。

## 2 规范性引用文件

下列文件中的内容通过文中的规范性引用而构成本文件必不可少的条款。其中，注日期的引用文件，仅该日期对应的版本适用于本文件；不注日期的引用文件，其最新版本（包括所有的修改单）适用于本文件。

GB/T 42478—2023 农产品生产档案记载规范

NY/T 496—2010 肥料合理使用准则 通则

NY/T 1276—2007 农药安全使用规范 总则

## 3 术语和定义

本文件没有需要界定的术语和定义。

## 4 播前准备

### 4.1 灌水造墒

6月中下旬灌麦黄水，补足底墒。

## 4.2 整地、施基肥、起垄

小麦收获后及早深翻、整地灭茬，每 666.7 m² 基施腐熟农家肥 1 000~1 500 kg、复合肥（15-15-15）50 kg。用旋耕机精细整地 2 遍并使用起垄机起垄，垄面宽 50 cm，垄沟宽 60 cm，做到垄面平整、土块细碎、上虚下实。化肥按照 NY/T 496—2010 规定使用。

## 4.3 品种选择

选择抗逆、丰产、生育期在 75 d 内的品种。

# 5 播种

## 5.1 播种规格

在垄面种植 2 行，行距 30 cm、穴距 23~25 cm，每 666.7 m² 播种穴 5 300~6 000 穴。人工开沟播种或者使用点播器播种，播种深度 3~4 cm，每穴 2~3 粒，并在离作物 5 cm 处铺设滴灌带，共铺设 2 根滴灌带。

## 5.2 播种期

适宜播种期为 7 月 1 日至 7 月 10 日，最迟不超过 7 月 15 日。

# 6 田间管理

## 6.1 间苗、补种

每穴保苗 2 株。第 1 片真叶出现到第 3 片复叶出现时及时间苗、补种，补种前浸种催芽 24 h，确保后期田间长势基本一致。

## 6.2 灌水追肥

灌水遵循"浇荚不浇花、干花湿荚"原则。一般抽蔓时结合追肥灌第 1 水，灌水量 12 m³，每 666.7 m² 追施尿素 5 kg。以后根据植株长势和降雨情况，每隔 7~10 d 灌水追肥 1 次，灌水量 10~12 m³，每次追施高磷水溶肥 3~4 kg。采收盛期，每 7~8 d 追肥 1 次，每 666.7 m² 追施高钙水溶肥 10 kg。

## 6.3 叶面追肥

开花前结合病虫害防治，每 666.7 m² 叶面喷施磷酸二氢钾 30 g 和液体硼肥 100 g 促花芽分化、开花坐果；豆荚伸长期叶面喷施磷酸二氢钾 50 g 和钙镁肥 50 g 促膨果。

## 6.4 搭架

当株高 15 cm 时及时插架，选用长 2~2.5 m、直径 1 cm 以上的竹竿，每穴 1 根，将两窄行相对的竹竿绑在一起，形成"人"字形。

## 6.5 中耕除草

一般抽蔓时中耕除草 1 次，灌水或降雨后及时稳固竹竿，垄面人工除草，垄沟使用微耕机清除田间杂草。

# 7 病虫害防治

## 7.1 农业防治

实行三年以上轮作，增施有机肥，拔除病株，摘除病叶，清理田园。

## 7.2 化学防治

梅豆主要病虫害化学防治方法见表 1，按照 NY/T 1276—2007 规定执行。

表 1 梅豆主要病虫害化学防治方法

| 防治对象 | 推荐药剂、使用剂量和施用方法 | 用药时期 | 使用次数 | 间隔期/d |
|---|---|---|---|---|
| 灰霉病 | 每 666.7 m² 选用 0.3%丁子香酚可溶液剂 100~120 mL 兑水 30~50 kg 喷雾 | 发病前或发病初 | 3 次 | 7~10 |

| 防治对象 | 推荐药剂、使用剂量和施用方法 | 用药时期 | 使用次数 | 间隔期/d |
|---|---|---|---|---|
| 锈病 | 每 666.7 m² 选用 12%苯甲·氟酰胺悬浮剂 40~67 mL 兑水 30 kg 喷雾 | 发病前或发病初 | 2 次 | 10~14 |
| 白粉病 | 每 666.7 m² 选用 400 g/L 氟硅唑乳油 7.5~9.3 mL 兑水 30 kg 喷雾 | 发病初 | 2~3 次 | 7~10 |
| 蚜虫 | 每 666.7 m² 选用 10%氯氰·敌敌畏乳油 30~50 g 兑水 30 kg 喷雾 | 见虫即防 | 1~2 次 | 7~10 |
| 豆荚螟 | 每 666.7 m² 选用 1%甲氨基阿维菌素苯甲酸盐乳油 15~20 mL 兑水 40 kg 喷雾 | 见虫即防 | 2 次 | 5 |

## 8 适时收获

花后 12~20 d，荚大而嫩、色泽发亮、豆粒略显、豆荚长度在 15 cm 左右时及时采摘，盛花期 2~3 d 采摘 1 次。

## 9 贮藏与运输

梅豆应在适合的温度下贮藏。用塑料袋装运，运输时应防潮、防暴晒；装卸时应轻放轻卸，不得与有毒有害、易污染的物品混装、混运。

## 10 生产档案记载

生产档案按照 GB/T 42478—2023 规定执行，详细记录产地环境、生产管理、病虫害防治和采收等各环节所采取的具体措施，并保存不少于 3 年。

原地方标准号：DB/T 978—2014。

本文件主要起草单位：宁夏回族自治区农业技术推广总站、平罗县农业技术推广服务中心、灵武市农业技术推广服务中心。

本文件主要起草人：于丽、朱志明、杨自建、杨飞、刘春光、杨晓婉、崔勇、杜伟、杨美德、张薇、丁秀玲、季文、黄继兵、李宗泽、李珍、陈晓军。

# 引黄灌区麦后复种胡萝卜栽培技术规程

## 1 范围

本文件规定了引黄灌区麦后复种胡萝卜的播前准备、播种、田间管理、病虫害防治、适时收获技术。

本文件适用于引黄灌区排灌水有保障、无盐碱危害或危害较轻、肥力中上等的壤土地区。

## 2 播前准备

### 2.1 选地

选择地势平坦，排灌方便，土层深厚、疏松、肥沃的地块，与非同科作物实行 2 年以上轮作。

### 2.2 整地、施肥

小麦收获后及时旋耕整地，结合整地每 666.7 m² 施腐熟有机肥 4 000~5 000 kg，碳铵 50 kg 或尿素 25 kg，复合肥（15-15-15）25~30 kg，磷酸二铵 10 kg。

### 2.3 品种选择

选择抗病、优质、丰产、商品性好、适合市场需求、生育期 90~100 d 的品种，如本地红胡萝卜、黄胡萝卜或甘肃齐头黄胡萝卜、金骏红 8 号等。

### 2.4 种子质量

纯度≥92%，净度≥85%，发芽率≥80%，水分含量≤10%。

## 2.5 种子处理

播种前将种子搓去茸毛，在太阳下晾晒 4~6 h，再将种子浸泡 24 h 后沥干水分。

# 3 播种

## 3.1 播种期

播种期为 7 月 5 日至 7 月 18 日，宜早不宜迟。

## 3.2 播种量

黄胡萝卜每 666.7 m² 用种量为 0.5~0.55 kg，红胡萝卜每 666.7 m² 用种量为 0.55~0.6 kg。

## 3.3 播种方法

播种前将种子拌过筛细潮土 25~30 kg，采用撒播方式播种。用钉齿耙耙 1 遍后撒 1 遍，再耙 1 遍后交叉撒 1 遍，然后用钉齿耙 1 遍耱平。

## 3.4 播种要求

整地后及时抢墒播种，播种后灌足水。

# 4 田间管理

## 4.1 除草

播种后，随即每 666.7 m² 用 48% 仲丁灵乳油 150~200 mL，兑水 50 kg 均匀喷洒土壤 1 遍防治杂草。

## 4.2 间苗

幼苗 2 叶 1 心时间苗，按照 3~5 cm 株距间苗 1 次。

## 4.3 定苗

当苗长到 4~5 叶时，按 1 m² 定苗 45~70 株，每 666.7 m² 保苗 30 000~47 000 株。

## 4.4 水肥管理

定苗后，在根直径达到 1 cm 时灌第 1 水，根据长势酌情追施尿素 5~10 kg。

## 5 病虫害防治

主要病害有黑斑病、黑腐病，主要虫害有地老虎、蛴螬、蝼蛄、金针虫等地下害虫。

### 5.1 物理防治

出苗后在田间设置频振式杀虫灯诱杀地老虎等地下害虫成虫。

### 5.2 化学防治

使用农药时应严格执行有效成分的安全间隔期，合理混用、交替使用不同作用机制的药剂。

蛴螬可用 50 g/L 氟氯氰菊酯，每 666.7 m² 用药 100~150 mL 根部喷淋。地老虎可用 50 g/L 氟氯氰菊酯，每 666.7 m² 用药 20~40 mL 根部喷淋。

## 6 适时收获

收获期为 10 月上中旬。

原地方标准号：DB/T 985—2014。

本文件主要起草单位：宁夏回族自治区农业技术推广总站、吴忠市利通区农业技术推广服务中心。

本文件主要起草人：马自清、王刚、赵志伟、马英成、金明、王波。

# 引黄灌区麦后复种黄瓜栽培技术规程

## 1 范围

本文件规定了引黄灌区麦后复种黄瓜的播前准备、播种、田间管理、病虫害防治和采收技术。

本文件适用于引黄灌区排灌方便、盐碱较轻、肥力中上等的壤土地区。

## 2 播前准备

### 2.1 选地

选择地势平坦，排灌方便，土层深厚、疏松、肥沃、盐渍化较轻的地块。

### 2.2 地膜选择

选择厚度 0.01 mm、宽度 90 cm 的白色或黑色地膜。

### 2.3 品种选择

选用优质、丰产、抗逆性强、商品性好，籽粒饱满，种子纯度≥95%、净度≥97%、发芽率≥96%、水分含量≤8%，出苗到初次采摘期在 35~40 d 的杂交品种，如 LD-1、津园 62、德美 868 等。

### 2.4 整地

小麦收获后立即清除田间小麦秸秆，然后深耕翻，耕深 15~20 cm。起垄覆膜前旋耕 1 遍。

## 2.5 施基肥

结合整地，耕翻前施入腐熟有机肥，耕翻后起垄前人工撒施化肥，每 666.7 m² 基施腐熟有机肥 3 000~4 000 kg，化肥磷酸二铵 40 kg、尿素 20 kg、复合肥（24-10-6）10 kg。

## 2.6 旋耕起垄覆膜

选择单趟旋幅 1.8 m 的旋耕起垄覆膜机械作业，调整机械垄面宽度，要求垄面宽 60 cm，垄沟宽 60 cm，垄高 15~20 cm。

# 3 播种

## 3.1 播种期

覆膜后及时播种，播种期为 7 月 5 日至 7 月 20 日。

## 3.2 播种方法

采用起垄覆膜后垄上定点穴播方式。按照株距人工定点撕开 5 cm 左右近圆形种植穴，将种子放在种植穴内中央位置后覆土，覆土厚度决定播种深度，覆土的同时封膜口。

## 3.3 播种规格

每垄垄上点种 2 行，种植行距离垄边 5 cm，垄上行距 50 cm，株距 25~30 cm，每穴点种 1~2 粒，点种深度 2~3 cm。每 666.7 m² 保苗 3 700~4 400 株。

# 4 田间管理

## 4.1 灌水

点种后及时灌水，要顺垄沟灌浅水，切忌灌水太大，漫过垄顶，避免封穴土板结。出苗后要控制灌水，抽蔓期、初花期各灌水 1 次，采摘期视土壤墒情及时补水，遇强降雨天气注意排水。

## 4.2 间苗、定苗

当瓜苗长到 2 叶 1 心时间苗、定苗，每穴留 1 株壮苗。

## 4.3 绑蔓与整枝

定苗后用 2~2.5 m 长细竹竿，"人"字形搭架，当第 4 片叶展开后开始甩蔓时进行第 1 次绑蔓，采用细尼龙绳或布条绑蔓，以后每 3~4 片叶绑 1 次，每次绑蔓前，要去掉卷须和侧枝。绑蔓时要使叶片分布均匀、龙头齐，当蔓至架顶时打顶。结合绑蔓整枝，采用单干坐秧整枝方式，及早抹去侧枝，摘掉所有卷须，摘除 5 节以下的雌花。同时，随着蔓长增加，及时将底部老叶摘除。

## 4.4 追肥

结合灌水追肥，施肥时应掌握前轻后重的原则。抽蔓至开花，每 666.7 $m^2$ 追施复合肥（24-10-6）5 kg；开始采收后根据植株的生长情况，追肥 2~3 次，每次每 666.7 $m^2$ 施复合肥 10~15 kg。结果盛期每周追肥 1 次，并随时根据植株的生长情况进行调整。

## 5 病虫害防治

### 5.1 农业防治

选用无病种子及抗病优良品种；通过粮菜复种实施轮作倒茬，避免迎茬；注意灌水、排水，防止土壤干旱和积水；清理田园，加强除草。

### 5.2 物理防治

设置黄板诱杀蚜虫、频振式杀虫灯诱杀地老虎等地下害虫。

### 5.3 化学防治

使用农药时应严格执行有效成分的安全间隔期，合理混用、交替使用不同作用机制的药剂。

### 5.3.1 病害防治

霜霉病、疫病可选用 72%霜脲·锰锌可湿性粉剂 800~1 000 倍液，或 52.5%噁酮·霜脲氰水分散粒剂 2 000~3 000 倍液等喷雾。

白粉病、炭疽病可选用 250 g/L 嘧菌酯悬浮剂 1 000~1 500 倍液等喷雾。

### 5.3.2 虫害防治

蚜虫可选用 5%吡虫啉片剂，每株用药 1~1.5 片穴施。

红蜘蛛可选用 10%联苯·哒螨灵烟剂，每 666.7 m² 用药 80~100 g 点燃放烟。

## 6 采收

结果初期每隔 3~4 d 采收 1 次，盛果期 1~2 d 采收 1 次。采收时应轻摘、轻放，采收的黄瓜应放在阴凉、通风处。

原地方标准号：DB/T 976—2014。

本文件主要起草单位：宁夏回族自治区农业技术推广总站、宁夏原种场。

本文件主要起草人：徐润邑、黄玉锋、陆占军、沈文娟、韩生龙、刘晓娇、赫莲香、王文经、葛玉萍。

# 引黄灌区麦后复种韭葱栽培技术规程

## 1 范围

本文件规定了引黄灌区麦后复种韭葱的育苗、移植及本田田间管理、采收技术。

本文件适用于引黄灌区排灌水有保障、无盐碱危害或危害较轻、肥力中上等的壤土地区。

## 2 术语和定义

下列术语和定义适用于本文件。

### 2.1 韭葱

别名洋大葱、葱蒜、洋蒜苗等，属百合科葱属二年生草本植物。韭葱叶身扁平似韭，假茎洁白如葱，花薹似蒜薹，鳞茎似独头蒜，并有香辣味（故名韭葱或葱蒜）。

### 2.2 移植

移植又称移栽。由于韭葱发芽慢，出土后幼苗细弱，根系不发达，生长缓慢，生长期较长，为缩短生长时间，需育苗。成苗后将幼苗从苗床中起出，栽植到大田进行种植的农艺生产过程，称为移植或移栽。

### 2.3 假茎

韭葱茎极度短缩呈球状或扁球状，下部密生须根，上部着生多层管状叶鞘，叶鞘中空，多个叶鞘套生呈茎状，形似茎，故名假茎。

假茎洁白脆嫩，叶片碧绿，是韭葱主要的食用部分。

# 3 育苗

## 3.1 选地

韭葱育苗田块可选择上年菜地或旱茬地，育苗地每 666.7 m² 施优质腐熟农家肥 2 000 kg、磷酸二铵 10 kg，然后浅把整平。

## 3.2 播种

### 3.2.1 播种时间

于 3 月中下旬结合整地进行播种。

### 3.2.2 品种选择

选择适应市场需求，叶片宽、葱白粗的品种进行栽培，宁夏主要是农户自留种。

### 3.2.3 种子质量

纯度≥96%，净度≥99%，发芽率≥75%，水分含量≤9.5%。

### 3.2.4 播种量

育苗地每 666.7 m² 播种量为 4~5 kg，最好选用当年新种。育 666.7 m² 苗可移栽大田 4 000~5 333 m²。

### 3.2.5 播种方法

先将种子掺入黄泥，拌匀晾干，按 25 cm 播幅顺苗床撒播，播后覆土，覆土厚度 1.5 cm，播一行覆一行，并镇压保墒。

## 3.3 苗床田间管理

苗高 5~6 cm 时，及时除去株间杂草。于 5 月上旬灌第 1 水，随后根据韭葱幼苗长势再灌 1~2 水，小麦收获后韭葱幼苗达到 4~5 叶，茎粗约 0.5 cm 时及时移栽。

## 4 移植及本田田间管理

### 4.1 选地

选择3年没种过葱蒜类，地势平坦、排灌方便、小麦能适时收获、地力较好，土层深厚、疏松、肥沃的地块。

### 4.2 施基肥

小麦收获后每666.7 m² 施优质腐熟农家肥2 000 kg、尿素20 kg、复合肥（15–10–15）15 kg。

### 4.3 整地

施肥后精细整地灭茬，推荐使用旋耕机进行整地作业。耕深20 cm以上，做到田面平整、土块细碎、上虚下实。

### 4.4 移植时期

小麦收获后7月5日至7月20日移植，宜早不宜迟。

### 4.5 移植密度

行距30 cm，株距4~5 cm，每666.7 m² 定植40 000~55 000株。

### 4.6 移植方法

移植时将韭葱苗提前起出，放置于遮阴处，分级分批移植。按行距用锄开定植沟，沟深10~12 cm，在沟内栽苗，浅覆土，定植深度以埋住小苗白根、不埋心叶为宜。

### 4.7 灌水追肥

移植后立即灌水，7 d后再灌1水，促进缓苗成活。成活后控水，采用锄头浅中耕2次。8月中旬，韭葱进入旺盛生长期，应及时灌水追肥，在韭葱苗行间开沟追肥，每666.7 m² 追施尿素15 kg并灌水。后期，根据植株长势和秋季雨水情况，再灌1~2水，9月中旬后不再追肥。

## 4.8 虫害防治

主要虫害有蛴螬、蝼蛄、地老虎、金针虫、根蛆等地下害虫。

### 4.8.1 物理防治

移植后在栽培大田中设置频振式杀虫灯诱杀地老虎等地下害虫成虫。

### 4.8.2 化学防治

地下害虫可选用1%呋虫胺颗粒剂，每666.7 m² 用药2 500~3 500 g沟施，兑水喷雾。

# 5 采收

宁夏主要采收假茎供市，至10月上中旬分批采收。

原地方标准号：DB/T 983—2014。

本文件主要起草单位：宁夏回族自治区农业技术推广总站、吴忠市利通区农业技术推广服务中心。

本文件主要起草人：赵志伟、王刚、王萍、马英成、金明、陈彩芳。

# 引黄灌区麦后复种青萝卜栽培技术规程

## 1 范围

本文件规定了引黄灌区麦后复种青萝卜的播前准备、播种、田间管理、病虫害防治、收获技术。

本文件适用于引黄灌区排灌水有保障、无盐碱危害或危害较轻、肥力中上等的壤土地区。

## 2 术语和定义

下列术语和定义适用于本文件。

破肚期：指青萝卜 6~7 叶、根开始膨大时。

## 3 播前准备

### 3.1 选地

选择地势平坦、排灌方便，土层深厚、疏松、肥沃的地块，与非同科作物实行 2 年以上轮作。

### 3.2 整地施肥

小麦收获后及时旋耕整地，结合整地每 666.7 m² 施腐熟有机肥 2 000 kg、尿素 15 kg、磷酸二铵 15~20 kg。

### 3.3 品种选择

选择品质优、耐贮运、市场接受好的品种，生育期 80~95 d，如大青皮等。

## 3.4 种子质量

纯度≥90%，净度≥97%，发芽率≥96%，水分含量≤8%。

# 4 播种

## 4.1 播种期

7月10日至7月20日起垄播种。

## 4.2 起垄

垄高15~20 cm，垄距85~90 cm。

## 4.3 播种方法和规格

垄双侧穴播，播深2~3 cm，每666.7 m² 播种量为0.5 kg，行距45 cm，株距20 cm，每666.7 m² 保苗7 400株。

# 5 田间管理

## 5.1 灌水

播种后灌足水，出苗后7 d浅灌1次。

## 5.2 间苗、定苗

真叶露心时间苗，4叶1心至破肚期定苗。

## 5.3 追肥

青萝卜直径5~6 cm时追肥灌水，每666.7 m² 追施尿素18~20 kg。

# 6 病虫害防治

主要病害有褐腐病、霜霉病，主要虫害有蚜虫、菜青虫、蛴螬、根蛆等地下害虫。

## 6.1 物理防治

播种出苗后，在田间设置频振式杀虫灯诱杀蛴螬等地下害虫成虫。

## 6.2 化学防治

使用农药时应严格执行有效成分的安全间隔期，合理混用、交替使用不同作用机制的药剂。

蛴螬、根蛆可选用 50 g/L 氟氯氰菊酯，每 666.7 m² 用药 100~150 mL 根部喷淋。蚜虫可选用 70% 吡虫啉水分散粒剂，每 666.7 m² 用药 1.5~2 g 兑水喷雾。菜青虫可选用 16 000 IU/mg 苏云金杆菌，每 666.7 m² 用药 100~300 g 兑水喷雾。

## 7 收获

10 月上中旬收获。


原地方标准号：DB/T 984—2014。

本文件主要起草单位：宁夏回族自治区农业技术推广总站、吴忠市利通区农业技术推广服务中心。

本文件主要起草人：王刚、韩继军、赵志伟、马英成、贺学强、任玮。

# 引黄灌区麦后复种娃娃菜栽培技术规程

## 1 范围

本文件规定了引黄灌区麦后复种娃娃菜的播前准备、播种、田间管理、病虫害防治及收获技术。

本文件适用于引黄灌区排灌水有保障、无盐碱危害或危害较轻、肥力中上等的壤土地区。

## 2 术语和定义

下列术语和定义适用于本文件。

娃娃菜：属十字花科芸薹属白菜亚种，是一种小株白菜，一般生育期 45~55 d，商品球高 20~30 cm，直径 8~9 cm，净菜重 150~200 g。

## 3 播前准备

### 3.1 选地

选择排灌方便、土层深厚、地力较好、盐碱较轻的地块。

### 3.2 整地施肥

播前精细整地灭茬，使用旋耕机进行整地作业，耕深 20 cm 以上，做到田面平整、土块细碎、上虚下实。结合整地施用基肥，每 666.7 m² 施腐熟农家肥 3 000~5 000 kg、磷酸二铵 15 kg、尿素 30 kg。

## 3.3 起垄

### 3.3.1 规格

匀行起垄，垄距 50 cm，垄高 15 cm。

### 3.3.2 要求事项

要求垄面土块细碎、高度一致。每 666.7 m² 用 70%甲基硫菌灵 0.75 kg 加 5%辛硫磷颗粒剂 1 kg 加细土 10 kg，垄下施药防治病虫害。

## 3.4 品种选择

选择盛世金童等耐高温、抗病毒病、品质好的品种，生育期 55 d 左右。种子须籽粒饱满，纯度 ≥99%、净度 ≥98%、发芽率 ≥85%、水分含量 ≤7%。

# 4 播种

7 月中旬至 8 月上旬播种。每垄播 2 行，行距 25 cm，株距 20~25 cm，每 666.7 m² 用种量 80~100 g，采取双粒穴播，播后覆盖 0.5~1 cm 厚细土，播种后及时浇水。

# 5 田间管理

## 5.1 苗期管理

### 5.1.1 间苗、定苗、中耕

播种后 3~4 d 出苗，发现苗不全时及时补种。在 2~3 片真叶时间苗，3~5 片真叶时定苗。间苗、定苗时，严禁伤根。分别于间苗期、定苗期及时中耕除草，进入莲座期，叶片铺满地面时停止中耕。

### 5.1.2 灌水施肥

高温、干旱天气加大浇水量，降雨时或雨后应及时排水。浇水与施肥结合进行，施肥采用穴施或沟施方法。定苗后 6 叶期前结合灌水每666.7 m² 追施尿素10 kg，25 d 左右适当蹲苗。

## 5.2 结球期管理

35 d 左右灌水追肥，每666.7 m² 追施过磷酸钙10 kg 或硫酸钾复合肥10 kg 加尿素10 kg，施肥点远离植株。结球期保持土壤水分均衡，地表发白时及时浇水，收获前5~7 d 停止浇水。

# 6 病虫害防治

主要病害有霜霉病、软腐病等，主要虫害有小菜蛾、菜青虫、蚜虫、白粉虱等。使用农药时应严格执行有效成分的安全间隔期，合理混用、交替使用不同作用机制的药剂。

## 6.1 病害防治

霜霉病可选用70%乙铝·锰锌可湿性粉剂，每666.7 m² 用药130~400 g 兑水喷雾。

软腐病可选用2%氨基寡糖素水剂，每666.7 m² 用药187.5~250 g 兑水喷雾。

## 6.2 虫害防治

小菜蛾、菜青虫可选用10%阿维菌素乳油，每666.7 m² 用药5~9 mL 兑水喷雾。

蚜虫、白粉虱可选用20%亚胺硫磷乳油，每666.7 m² 用药700~1 000 倍液喷雾。

# 7 收获

株高20~25 cm、包球紧实时即可采收。采收时全株拔起，去除老叶，削平基部，用保鲜膜打包后上市。

原地方标准号：DB/T 979—2014。

本文件主要起草单位：宁夏回族自治区农业技术推广总站、永宁县农业技术推广服务中心、宁夏农垦集团有限公司、西夏区农牧水务局。

本文件主要起草人：杨自健、刘春光、李安金、黄继兵、李娜、杨晓婉、朱庆文。

# 引黄灌区麦后复种西芹栽培技术规程

## 1 范围

本文件规定了引黄灌区麦后复种西芹的品种选择、育苗、移植、田间管理、病虫害防治、采收技术。

本文件适用于引黄灌区排灌水有保障、无盐碱危害或危害较轻、肥力中上等的壤土地区。

## 2 术语和定义

下列术语和定义适用于本文件。

商品种苗：特指由专业化种苗培育中心利用塑料穴盘和专用基质为种植户按照所约定的蔬菜种类、品种培育的种苗。

## 3 品种选择

选择适应性强、丰产、优质的西芹品种，如皇后西芹。

## 4 育苗

### 4.1 种子质量

纯度>92%，净度>95%，发芽率>65%，水分含量<8%。

### 4.2 用种量

栽植 666.7 m² 西芹需用种 20~25 g。

## 4.3 播种育苗时间

4 月 25 日至 4 月 30 日播种育苗。

## 4.4 育苗方法

选定品种后，委托专业育苗中心利用 128 孔塑料穴盘采用基质进行商品种苗培育。

# 5 移植

经专业育苗中心培育，种苗日历苗龄 85~95 d、生育苗龄达到 5~7 叶，高 15~20 cm 时适时移植。

## 5.1 选地

选择物理结构良好、土层深厚、有机质丰富、土壤肥沃疏松、透气透水、保水保墒的中壤土。栽培地段排灌方便。

## 5.2 整地与施基肥

小麦收获后及时整地，犁、耙田各 1 遍，整地质量好。结合整地，每 666.7 m² 施入优质腐熟有机肥 2 000 kg、磷酸二铵 20 kg。建议在垄高 15~20 cm、垄距 80 cm 的高垄进行移植，垄高低要一致。

## 5.3 移植密度

每垄顶上移植 2 行，垄上行距 15~20 cm，株距 10~12 cm，每 666.7 m² 栽植西芹 13 880~16 660 株。

## 5.4 移植时间

7 月 5 日至 7 月 18 日，小麦收获后抓紧时间及早移植。

## 5.5 移植方法

移植前整平垄面，垄顶宽 20 cm 左右，可略呈馒头状，在垄顶两侧开沟，沟深 3~5 cm，按照 10~12 cm 株距摆苗、培土，栽植深度以覆盖住基质 1 cm、不埋住芹菜心叶为宜。栽后立即逐行浇足浇透定植水。

## 6 田间管理

### 6.1 水肥管理

定植后及时浇水，3~5 d 后浇缓苗水，追肥要掌握少量多次的原则，7 月下旬、8 月中旬、9 月上旬各灌水 1 次，结合灌水每 666.7 m² 追施尿素 10 kg，忌用人粪尿，以免引起烂心或烂根。追肥应在行间进行。采收前 15 d 停止追肥、浇水。

### 6.2 中耕除草

每次追肥前结合除草进行中耕，中耕宜浅，达到除草、松土的目的即可。

## 7 病虫害防治

主要病害有斑枯病、软腐病等，主要虫害有蚜虫、白飞虱等。使用农药时应严格执行有效成分的安全间隔期，合理混用、交替使用不同作用机制的药剂。

### 7.1 农业防治

采用起垄栽培，对斑枯病、软腐病具有一定防治效果。

### 7.2 物理防治

移植后张挂黄板，防治蚜虫和白飞虱等虫害。

### 7.3 化学防治

#### 7.3.1 病害防治

斑枯病可选用 25%咪鲜胺乳油，每 666.7 m² 用药 50~70 mL 兑水喷雾。

#### 7.3.2 虫害防治

蚜虫、白飞虱可选用 10%吡虫啉可湿性粉剂，每 666.7 m² 用药 10~20 g 兑水喷雾。

## 8 采收

西芹长到 30 cm 以上、单株重量达到 0.25 kg 以上时可依据市场行情适时采收，在立冬前采收结束。

原地方标准号：DB/T 981—2014。

本文件主要起草单位：宁夏回族自治区农业技术推广总站、吴忠市利通区农业技术推广服务中心、西夏区农牧水务局、宁夏回族自治区农产品质量安全中心。

本文件主要起草人：李欣、何春花、赵志伟、韩继军、贺学强、朱庆文、顾志锦。

# 引黄灌区麦后复种大葱栽培技术规程

## 1 范围

本文件规定了引黄灌区麦后复种大葱的种苗标准、移植及大田田间管理、采收、贮藏与运输等技术。

本文件适用于引黄灌区排灌水有保障、盐碱较轻、肥力中上等的壤土地区。

## 2 规范性引用文件

下列文件中的内容通过文中的规范性引用而构成本文件必不可少的条款。其中，注日期的引用文件，仅该日期对应的版本适用于本文件；不注日期的引用文件，其最新版本（包括所有的修改单）适用于本文件。

GB/Z 26577—2011 大葱生产技术规范

GB/T 42478—2023 农产品生产档案记载规范

NY/T 1276 农药安全使用规范 总则

## 3 术语和定义

本文件没有需要界定的术语和定义。

## 4 种苗标准

选择商品或者自育种苗。应选择葱苗株高 30 cm 左右、葱白长 10~15 cm、叶色浓绿、叶 5~6 片时的壮苗。

## 5 移植及大田田间管理

### 5.1 选地

选择 3 年没种过葱蒜类、地势平坦、排灌方便、地力较好的麦茬地。

### 5.2 整地施肥

小麦收获后及时整地施肥。整地前，每 666.7 m² 撒施有机肥 200 kg、磷酸二铵 25 kg、复合肥（15-10-15）25 kg。施肥后及时犁地，耙耱整平，深度 25 cm 以上。

### 5.3 移植

开沟沟深 20~25 cm，沟距 90~110 cm，随挖随栽，葱苗应分级移植，在沟内人工或者用机械栽苗，栽后浅覆土，覆土厚度以埋住叶鞘分叉下葱白即可，不可一次性覆土太厚。栽后及时灌水。10 月上中旬采收的选择 90 cm 行距，翌年 4 月中下旬采收的选择 100~110 cm 行距，株距 4~6 cm，每 666.7 m² 移植 12 000~14 000 株。

### 5.4 移植时间

大葱移植时间在 7 月上中旬，宜早不宜迟。

### 5.5 追肥、培土、灌水

大葱移植成活后依据葱白露出地表长度培土，每次培土厚度 8~12 cm，以不埋压心叶为宜，整个生长期培土 3 次左右。结合培土每隔 15 d 左右追肥灌水，共追肥灌水 3~4 次，每次每 666.7 m² 追施尿素 5~10 kg。翌年 4 月采收的在 9 月底至 10 月中旬增加 1~2 次培土，在立冬前灌足冬水越冬。

### 5.6 病虫害防治

#### 5.6.1 主要病虫害

主要病害有霜霉病、紫斑病等，主要虫害有根蛆、地老虎等。

## 5.6.2 农业防治

不选择在葱蒜类为上茬作物的地块上种植大葱；种植田块及时清理田间老叶及病虫残叶，发现枯萎植株及时清除。

## 5.6.3 化学防治

使用农药时应严格执行有效成分的安全间隔期，合理混用、交替使用不同作用机制的药剂。大葱主要病虫害化学防治方法见表1，按照 NY/T 1276 规定执行。

表1 大葱主要病虫害化学防治方法

| 主要病虫害 | 推荐药剂 | 用药时期 | 使用次数 | 安全间隔期/d |
|---|---|---|---|---|
| 霜霉病 | 每 666.7 m² 选用 50%烯酰吗啉可湿性粉剂 30~50 g 兑水 30 kg 喷雾 | 发病初期 | 3 次 | 14 |
| 紫斑病 | 每 666.7 m² 选用 10%多抗霉素可湿性粉剂 22~30 g 兑水 30 kg 喷雾 | 发病初期 | 2 次 | 15 |
| 斑潜蝇 | 每 666.7 m² 选用 70%灭蝇胺可湿性粉剂 15~21 g 兑水 30 kg 喷雾 | 低龄幼虫始发期 | 2 次 | 10 |
| 蓟马 | 每 666.7 m² 选用 8%甲氨基阿维菌素水分散粒剂 2~2.5 g 兑水 30 kg 喷雾 | 发病初期 | 1 次 | 5 |
| 根蛆 | 每 666.7 m² 选用 1%呋虫胺 2 500~3 500 g 拌细沙土沟施 | 大葱移栽时 | 1 次 | |

## 6 采收

10 月中旬至翌年 4 月中下旬依据市场行情进行人工或机械采收，采收时清除土粒、摆放齐整、分级顺向捆扎。

## 7 贮藏与运输

大葱应低温贮藏与运输。

## 8 生产档案记载

生产档案按照GB/T 42478—2023 规定执行，详细记录产地环境、生产管理、病虫害防治和采收等各环节所采取的具体措施，并保存不少于 3 年。

原地方标准号：DB/T 982—2014。

本文件主要起草单位：宁夏回族自治区农业技术推广总站、吴忠市利通区农业技术推广服务中心、永宁县农业技术推广服务中心、平罗县农业技术推广服务中心。

本文件主要起草人：杨飞、刘春光、朱志明、赵志伟、李宗泽、周兴隆、马广福、姬宇翔、李喜红、李珍、张薇、黄继兵、任杨、王彦琪、丁秀玲、靳韦。

# 引黄灌区麦后复种甘蓝栽培技术规程

## 1 范围

本文件规定了引黄灌区麦后复种甘蓝的选地、育苗及品种选择、田间管理、病虫害防治、采收、贮藏与运输等技术。

本文件适用于引黄灌区排灌方便、盐碱较轻、肥力中上等的壤土地区。

## 2 规范性引用文件

下列文件中的内容通过文中的规范性引用而构成本文件必不可少的条款。其中，注日期的引用文件，仅该日期对应的版本适用于本文件；不注日期的引用文件，其最新版本（包括所有的修改单）适用于本文件。

GB/T 23416.4—2009 蔬菜病虫害安全防治技术规范 第4部分：甘蓝类

GB/T 25873—2010 结球甘蓝 冷藏和冷藏运输指南

GB/T 42478—2023 农产品生产档案记载规范

## 3 术语和定义

下列术语和定义适用于本文件。

裂球：叶球在生长过程中，因外界气温或土壤水分等因素造成开裂的现象。

## 4 选地

选择春麦或者冬麦收获后、地势平坦、排灌方便且两年内没有种植过十字花科蔬菜的麦茬地。

## 5 育苗及品种选择

### 5.1 品种选择

选择优质、丰产、抗病、商品性好、不易裂球，移植后生育期在 55~60 d 的中早熟品种。

### 5.2 商品种苗质量

选择苗龄在 30~35 d、具 4~5 片真叶、叶色浓绿、叶片肥大、节间短、茎粗壮、白根多、根系发达，不徒长，无病虫的壮苗。

## 6 田间管理

### 6.1 整地施肥

小麦收获后及时翻地灭茬，结合整地，每 666.7 m² 施入有机肥 200~250 kg、复合肥（15–10–15）35~40 kg、磷酸二铵 25 kg；施肥后旋耕整地 2 遍。

### 6.2 移植时间

移植时间为 7 月中下旬到 8 月上旬，紫甘蓝最迟不得超过 8 月 1 日，绿甘蓝最迟不得超过 8 月 15 日。

### 6.3 移植方法

选择傍晚或阴天，采取人工或机械宽窄行平栽定植，宽行行距 50 cm，窄行行距 40 cm，株距 30 cm 左右。在窄行行内铺设滴灌带 1 根，滴头间距 30 cm，滴头流量 2 L/h。栽后立即灌足定植水，每 666.7 m² 保苗 4 500~5 000 株。

## 6.4 灌水追肥

缓苗至结球前，以促根控秧为主，根据墒情，每 7~10 d 灌水 1 次。结球期前结合灌水，每 666.7 m² 追施尿素 5 kg、黄腐酸钾水溶肥 10 kg；结球中期结合灌水，每 666.7 m² 追施水溶肥（15-10-15）15~20 kg。缓苗后及时人工或者机械中耕除草 2~3 次。

# 7 病虫害防治

## 7.1 主要病虫害

主要病害有霜霉病、软腐病等，主要虫害有小菜蛾、菜青虫、蚜虫等。

## 7.2 农业防治

选用抗病品种，增施有机肥，改善土壤结构；轮作倒茬，避免与十字花科蔬菜重茬；合理灌水，防止病害蔓延；及时清除田间杂草。

## 7.3 化学防治

甘蓝主要病虫害化学防治方法见表 1，按照 GB/T 23416.4—2009 规定执行。

**表 1 甘蓝病虫害防治推荐药剂及施用方法**

| 主要病虫害 | 推荐药剂、使用剂量和施用方法 | 用药时期 | 安全间隔期/d |
|---|---|---|---|
| 霜霉病 | 每 666.7 m² 选用 560 g/L 嘧菌·百菌清悬浮剂 80~120 mL 兑水 50 kg 喷雾 | 发病初期 | 7 |
| 软腐病 | 每 666.7 m² 选用 5%大蒜素提取物微乳剂 60~80 g 兑水 30 kg 喷雾 | 发病初期 | 7 |
| 菜青虫 | 每 666.7 m² 选用 4.5%高效氯氰菊酯乳油 16.7~22.2 g 兑水 30 kg 喷雾 | 全生育期 | 7~10 |

续表

| 主要病虫害 | 推荐药剂、使用剂量和施用方法 | 用药时期 | 安全间隔期/d |
|---|---|---|---|
| 小菜蛾 | 每 666.7 m² 选用 10% 虫螨脲悬浮剂 15~20 mL 兑水 30 kg 喷雾 | 全生育期 | 7~10 |
| 菜蚜 | 每 666.7 m² 选用 2.5% 高效氯氟氰菊酯水乳剂 15~20 mL 兑水 30 kg 喷雾 | 全生育期 | 7~10 |
| 蛴螬 | 每 666.7 m² 选用 2% 高效氯氰菊酯颗粒剂 2.5~3.5 kg 施用 | 整地时 | |
| 小地老虎 | 每 666.7 m² 选用 0.2% 联苯菊酯颗粒剂 3~5 kg 拌土撒施 | 整地时 | |

## 8 采收

### 8.1 叶球要求

叶球无腐烂、变质、损伤及病虫害，表面干净。结球适度，无裂球、抽薹、凋萎迹象。叶球外叶、根茎适度切除。

### 8.2 采收要求

一般在 9 月下旬至 10 月中下旬采收，以清晨和傍晚为好；当叶球占商品菜重量的 85% 以上时或者甘蓝单球重达到 1 000~1 250 g 时陆续采收上市。

## 9 贮藏与运输

甘蓝按照 GB/T 25873—2010 规定执行。

## 10 生产档案记载

生产档案按照 GB/T 42478—2023 规定执行，详细记录产地环境、生产管理、病虫害防治和采收等各环节所采取的具体措施，并保存不少于 3 年。

原地方标准号：DB/T 980—2014。

本文件主要起草单位：宁夏回族自治区农业技术推广总站、永宁县农业技术推广服务中心、吴忠市利通区农业技术推广服务中心。

本文件主要起草人：朱志明、屠岩峰、刘春光、杨飞、高升、左佳伟、赵学智、哈东兴、李金吉、邱浩、姬宇翔、何芳芳、刘静、陈洁、杨斌斌。

# 引黄灌区麦后复种花椰菜栽培技术规程

## 1 范围

本文件规定了引黄灌区麦后复种花椰菜的品种选择、种苗标准、移植、田间管理、采收、贮藏与运输等技术。

本文件适用于引黄灌区排灌水有保障、肥力中上等的地区。

## 2 规范性引用文件

下列文件中的内容通过文中的规范性引用而构成本文件必不可少的条款。其中，注日期的引用文件，仅该日期对应的版本适用于本文件；不注日期的引用文件，其最新版本（包括所有的修改单）适用于本文件。

GB/T 42478—2023 农产品生产档案记载规范

NY/T 496—2010 肥料合理使用准则 通则

NY/T 1276—2007 农药安全使用规范 总则

## 3 术语和定义

下列术语和定义适用于本文件。

花椰菜：又称花菜、菜花、椰花菜、花甘蓝、洋花菜、球花甘蓝，是由十字花科甘蓝演化而来、茎上长满小颗粒的花状体。

## 4  品种选择

选用抗逆性强、适应性广、商品性好、自覆性好以及生育期在 75 d 以内的高产、优质、中早熟品种。

## 5  种苗标准

选择株高 10~15 cm，叶龄 4~5 叶且叶片肥厚，根系发达，无病虫害的壮苗。

## 6  移植

### 6.1  选地

选择地势平坦、排灌方便，与十字花科蔬菜实行 2 年以上轮作的麦茬地。

### 6.2  整地、施基肥、起垄

小麦收获后及时整地灭茬，每 666.7 m² 撒施生物有机肥 200 kg、磷酸二铵 15 kg、复合肥（15-10-15）25 kg。旋耕后机械起垄，垄面宽 50~60 cm，垄沟宽 35~40 cm。采用水肥一体化技术，垄上铺设 2 根滴灌带，滴头流量 2 L/h，滴头间距 30 cm。有机肥和化肥按照 NY/T 496—2010 规定使用。

### 6.3  移植时间

小麦收获后即可移植，最迟不超过 8 月 10 日。

### 6.4  移植方法

采用人工移植，每垄移植 2 行，垄上行距 30~35 cm，株距 40 cm，采用三角形定植法开穴，每 666.7 m² 保苗 3 500~4 000 株。移植穴内放苗后覆土，覆土深度以埋压基质 1 cm 以上为宜，栽完后立即灌定植水。

## 7 田间管理

### 7.1 水肥管理

花椰菜水肥管理制度见表1。

表 1 花椰菜水肥管理制度

| 生育期 | 灌溉定额/(m³· 666.7 m⁻²) | 灌水次数 | 肥料品种 | 施肥/(kg· 666.7 m⁻²) | 叶面喷肥/(g· 666.7 m⁻²) |
|---|---|---|---|---|---|
| 定植后 4~5 d | 16 | 1 次 | 尿素 | 10 | |
| 定植后 12~15 d | 16 | 1 次 | | | |
| 扭心后 2~3 d | 20 | 1 次 | 尿素或者高氮水溶肥（含氮46%左右） | 5 | |
| 扭心后 10~13 d | 20 | 1 次 | 尿素或者高氮水溶肥（含氮46%左右）和99%磷酸二氢钾 | 5 | 100 |
| 扭心后 17~20 d | 20 | 1 次 | 99%磷酸二氢钾 | | 100 |
| 现蕾后 2~3 d | 25 | 1 次 | 水溶肥（15-15-15）和99%磷酸二氢钾 | 15 | 50 |
| 花球直径 3~4 cm | 20 | 1 次 | 高钾水溶肥（含钾50%以上） | 10 | |

### 7.2 束叶或盖花

在花椰菜球径 8~10 cm 时或采收前 10 d，束叶或折叶盖住花球，保持花球洁白。

## 8 虫害防治

花椰菜主要虫害化学防治方法见表2，按照 NY/T 1276—2007 规定执行。

**表2 花椰菜主要虫害化学防治方法**

| 主要虫害 | 推荐药剂、使用剂量和施用方法 | 用药时期 | 使用次数 | 安全间隔期/d |
|---|---|---|---|---|
| 菜青虫 | 每 666.7 m² 选用 16 000 IU/mg 苏云金杆菌可湿性粉剂 200~250 g 喷雾 | 卵孵化盛期 | 3 次 | 3 |
| 小菜蛾 | 每 666.7 m² 选用 5%多杀霉素悬浮剂 20~30 g 喷雾 | 幼虫 2 龄前 | 3 次 | 10 |
| 甘蓝夜蛾 | 每 666.7 m² 选用 5%氯虫苯甲酰胺悬浮剂 50~60 mL 喷雾 | 幼虫 2 龄前 | 2 次 | 3 |

## 9 采收

适时分级分批采收。在花球充分膨大、花蕾较整齐、颜色一致、不散球时收割。采收以清晨和傍晚为好，采收的花球留 3~4 片小叶，可保护花球。用转运筐装运，严防机械损伤，长途运输花球须套网袋。

## 10 贮藏与运输

花椰菜应在适合的温度下贮藏。花球套袋后用转运筐装运，转运筐应卫生、清洁，运输时应防潮、防暴晒；装卸时应轻放轻卸，不得与有毒有害、易污染的物品混装、混运。

## 11　生产档案记载

生产档案按照GB/T 42478—2023 规定执行，详细记录产地环境、生产管理、虫害防治和采收等各环节所采取的具体措施，并保存不少于3年。

原地方标准号：DB/T 987—2014。

本文件主要起草单位：宁夏回族自治区农业技术推广总站、吴忠市利通区农业技术推广服务中心、青铜峡市农业技术和农机化推广服务中心。

本文件主要起草人：赵志伟、杨飞、朱志明、刘春光、高升、任杨、陈彩芳、王雪、黄玉峰、哈东兴、张文丽、邱浩、马金国、李喜红、普正菲、季文。

# 引黄灌区麦后复种西葫芦栽培技术规程

## 1 范围

本文件规定了引黄灌区麦后复种西葫芦的播前准备、播种、田间管理、病虫害防治、采收、贮藏与运输等技术。

本文件适用于引黄灌区排灌方便、盐碱较轻、肥力中上等的壤土地区。

## 2 规范性引用文件

下列文件中的内容通过文中的规范性引用而构成本文件必不可少的条款。其中，注日期的引用文件，仅该日期对应的版本适用于本文件；不注日期的引用文件，其最新版本（包括所有的修改单）适用于本文件。

GB/T 42478—2023 农产品生产档案记载规范

NY/T 1276—2007 农药安全使用规范 总则

## 3 播前准备

### 3.1 地膜选择

选择厚度≥0.01 mm、宽度120 cm的白色地膜。

### 3.2 品种选择与种子质量要求

#### 3.2.1 品种选择

选用优质、丰产、抗逆性强、商品性好，籽粒饱满，出苗到初次采摘期在 25~30 d 的杂交品种。

### 3.2.2 种子质量要求

选用纯度≥98 %、净度≥99 %、发芽率≥90 %、水分含量≤8 % 的包衣种子。

### 3.3 整地

小麦收获后及时灭茬、深耕翻，耕深 25~30 cm，耕地后耙地 1 遍。

### 3.4 施基肥

结合整地耕翻前施入有机肥，耙地后人工撒施化学肥料。每 666.7 m² 基施腐熟有机肥 1 000~1 500 kg，或商品有机肥 100~150 kg、机播磷酸二铵 25 kg、氮磷钾复合肥（15–15–15）20 kg、硫酸钾镁肥 5~7.5 kg。

### 3.5 旋耕起垄覆膜

机械旋耕起垄覆膜，垄面宽 70 cm，垄沟宽 80 cm，垄高 20 cm，在垄面铺设 2 根滴灌带并覆膜，滴灌带间距 30 cm。

## 4 播种

### 4.1 播种期

覆膜后及早播种，适宜播种期为 7 月 5 日至 7 月 25 日。

### 4.2 播种方法

采用打眼器破膜人工穴播。将种子种植在穴内中央位置后覆土封膜口。

### 4.3 播种规格

每垄面种植 2 行，种子种植在距滴灌带外侧 10 cm 处，穴距 60~75 cm，每穴点播 1 粒种子，覆土厚度 3~5 cm，每 666.7 m² 点种 1 100~1 400 穴。

## 5 田间管理

### 5.1 水肥管理

播种后及时滴灌 1 次，以后视土壤墒情及时滴灌，不旱不灌，遇强降雨天气注意排水。苗期、抽蔓期、初花期结合滴灌每 666.7 m² 追施高氮全营养水溶肥 3~4 次，每次 2~3 kg，盛果期结合滴灌每 666.7 m² 追施高氮、高钾全营养水溶肥 4~5 次，间隔 7~10 d，每次 3~4 kg。

### 5.2 补种

出苗后逐行检查，空穴处及时补种。

### 5.3 除草

在旋耕起垄时和西葫芦秧苗没有长到垄沟内时除草。

### 5.4 保花保果

初花期用小喷壶在雌花上喷施坐果灵等植物生长调节剂促进保花保果，中后期气温低于 15 ℃时人工点花。

## 6 病虫害防治

### 6.1 主要病虫害

主要病害有白粉病、病毒病、霜霉病、疫病，主要虫害有蚜虫等。

### 6.2 农业防治

选用抗病优良品种。注意轮作倒茬，避免连作。合理灌水，防止土壤干旱和积水，及时清除田间杂草。

### 6.3 化学防治

西葫芦主要病虫害化学防治方法见表 1。

表 1　西葫芦主要病虫害化学防治推荐药剂及施用方法

| 防治对象 | 推荐药剂、使用剂量和施用方法 | 用药时期 | 安全间隔期/d |
|---|---|---|---|
| 白粉病 | 每 666.7 m² 选用 10%苯醚甲环唑水分散粒剂 100~150 g 兑水 30 kg 喷雾 | 发病初期 | 14 |
| 霜霉病 | 每 666.7 m² 选用 30%吡唑醚菌酯悬浮剂 25~33 mL 兑水 50 kg 喷雾 | 发病初期 | 7 |
| 疫病 | 每 666.7 m² 选用 60%霜脲·嘧菌酯水分散剂 30~40 g 兑水 30 kg 喷雾 | 病害发生前或初见零星病斑时 | 7 |
| 病毒病 | 每 666.7 m² 选用 0.5%香菇多糖水剂 200~300 mL 兑水 30 kg 喷雾 | 发病初期 | 10 |
| 蚜虫 | 每 666.7 m² 选用 25 g/L 高效氯氟氰菊酯乳油 30~40 mL 兑水 50 kg 喷雾 | 发病初期 | 7 |

## 7　采收

结果初期每隔 7 d 采收 1 次，盛果期采收 1~2 次，西葫芦个体在 250~400 g 时采收。采收时应轻摘、轻放，采收的西葫芦应放在阴凉、通风处。初霜来临后采收结束。

## 8　贮藏与运输

西葫芦应低温贮藏与运输。

## 9　生产档案记载

生产档案按照GB/T 42478—2023 规定执行，详细记录产地环境、生产管理、病虫害防治和采收等各环节所采取的具体措施，并保存不少于 3 年。

原地方标准号：DB/T 977—2014。

本文件主要起草单位：宁夏回族自治区农业技术推广总站、宁夏原种场、中宁县农业技术推广服务中心。

本文件主要起草人：朱志明、黄玉峰、杨飞、刘春光、陈彩芳、任杨、崔勇、王彦琪、张文丽、周兴隆、刘维、左佳伟、芦红萍、张薇。

# 引黄灌区麦后复种盘菜栽培技术规程

## 1 范围

本文件规定了引黄灌区麦后复种盘菜的播前准备、播种、田间管理、病虫害防治和收获技术。

本文件适用于引黄灌区排灌水有保障、无盐碱危害或危害较轻、肥力中上等的壤土地区。

## 2 播前准备

### 2.1 选地

盘菜栽培忌连作。选择上一年未种过十字花科蔬菜、有机质含量较高、土壤肥沃、土质疏松、排灌方便的地块。

### 2.2 整地与施肥

小麦收获后立即耕翻灭茬、旋耕整地，耕深 20 cm 以上，做到田面平整、土块细碎、上虚下实。结合整地，每 666.7 m² 施腐熟有机肥 1 500~2 000 kg、复合肥（15-15-15）30~40 kg、钙镁磷肥（$P_2O_5$ 12%~18%）15~20 kg、磷酸二铵（18-46）10 kg。

### 2.3 起垄

整地后起垄，垄高 20~25 cm，垄宽 60 cm，垄距 20 cm。

### 2.4 品种选择

选择耐热、抗病、优质、商品性好，生育期 80~90 d 的早熟品种，如温州地方盘菜品种玉环盘菜等。

## 2.5 种子消毒

播种前将种子浸水 2~3 h，再用 10%高锰酸钾或 1%硫酸铜等溶液浸种 10 min，用清水将种子冲洗干净、阴干待播。

# 3 播种

## 3.1 播种规格

起垄后立即播种，每垄播种 2 行，行距 40 cm，株距 30 cm，每穴点播 3~4 粒种子。

## 3.2 播种期

适宜播种期为 6 月 25 日至 7 月 20 日，可错期播种，分批上市。

## 3.3 播种量

每 666.7 m² 播有效种子 1.7 万~2.2 万粒，千粒重 3.8 g 的种子播种量为 65~84 g。

## 3.4 播种深度

人工顺垄点播并覆土，播种深度 1~2 cm。

# 4 田间管理

## 4.1 补苗、间苗与定苗

出苗后及时检查苗情，发现缺苗及早补种。出苗后 2 对真叶时间苗，3 对真叶时定苗，一穴一苗，每 666.7 m² 保苗 5 500 株左右。

## 4.2 追肥与灌水

盘菜的追肥原则是少施氮肥，增施磷钾肥；前期轻施，肉质根膨大期重施；每次追肥量不宜过多；在盘菜行中间开沟埋施。结合灌水全生育期一般追肥 3 次，其中：出苗后 15 d，每 666.7 m² 追施复合肥（15-15-15）5~8 kg；当肉质根直径长到 5 cm 时，每 666.7 m² 追施复合肥（15-15-15）8~10 kg、尿素 5 kg，每隔 15~20 d 施 1 次，连施 2 次；同时，喷施 0.2%硼砂液进行根外追肥 1 次，促进肉质根膨大。全生育期以保持土壤湿润为原则，播种后必须立即灌水，雨后要及时排涝，防止田间积水；干旱天气在垄面发白时灌水。

## 4.3 中耕除草

全生育期人工中耕 2 次，第 1 次在 2~3 对真叶时结合间苗、定苗进行，第 2 次在肉质根直径长到 5 cm 时进行。中耕要浅，不可使土淹埋盘菜根颈部。

## 5 病虫害防治

主要虫害有根蛆等地下害虫，蚜虫、菜青虫等；主要病害有病毒病、霜霉病。主要病虫害均没有登记药剂，参照其他作物防治。

## 6 收获

当单个盘菜肉质根重 0.5~1 kg 时，可分批采收上市。

原地方标准号：DB/T 986—2014。

本文件主要起草单位：宁夏回族自治区农业技术推广总站、贺兰县农业技术推广服务中心、宁夏回族自治区农产品质量安全中心。

本文件主要起草人：王华、杨美德、李欣、包长征、杨秀琴、杨晓婉、顾志锦。

# 引黄灌区春麦后复种饲用燕麦技术规程

## 1 范围

本文件规定了引黄灌区春麦后复种饲用燕麦前茬收获、播前准备、品种选择、播种、田间管理和收获等技术。

本文件适用于引黄灌区排灌水有保障、盐碱较轻、肥力中上等的壤土地区。

## 2 规范性引用文件

本文件没有规范性引用文件。

## 3 术语和定义

下列术语和定义适用于本文件。

3.1 燕麦

又名高燕麦、大蟹钓、银边草，原产于地中海沿岸及亚洲西部，是禾本科燕麦属一年生草本植物。

3.2 春麦后复种饲用燕麦

本文件特指7月上旬春麦收获后，在同一田地上再种植一季（茬）饲用燕麦。

## 4 前茬收获

7月上旬，一般在7月10日左右，对前茬春麦进行收割腾茬，秸秆打捆或粉碎还田。

## 5 播前准备

### 5.1 选地

选择地势平坦、排灌方便、地力较好、盐碱较轻、前茬小麦能在 7 月 10 日左右收获的地块。

### 5.2 灌水造墒

于 6 月 25 日左右灌麦黄水或 7 月 10 日左右（即春麦收获后）尽快灌跑马水造墒，确保后茬饲用燕麦播种时土壤有较好的墒情。

### 5.3 整地与施肥

犁地，耙耱整地，做到上虚下实、表土细碎，结合整地每 666.7 m² 施磷酸二铵 15 kg。

## 6 品种选择

选择适合春麦后复种的高产、优质、抗倒性强，生育期 90~110 d 的中早熟品种。推荐使用牧乐思、喜越、喜韵等品种。

## 7 播种

### 7.1 播种方式和规格

采用耕播一体化匀播机或小麦条播机匀行播种，行距 15~20 cm，密度 400 株/m²。

### 7.2 播种期

适宜播种期为 7 月 10 日至 7 月 20 日，最晚不得迟于 7 月 20 日。

### 7.3 播种量

每 666.7 m² 播种量为 13~18 kg，保苗 27 万株。建议肥力高的田块播种量 13~15 kg，肥力低的田块播种量 15~18 kg。

## 7.4 播种深度

播种深度应在 3~5 cm，不超过 5 cm。

# 8 田间管理

## 8.1 灌水追肥

8 月中旬饲用燕麦拔节期视降水情况每 666.7 m² 灌水 30~60 m³，每 666.7 m² 追施尿素 15 kg。

## 8.2 杂草防除

8 月中旬化学除草，每 666.7 m² 用 72% 2，4−D 异辛酯乳油 30 mL 加 70%苯磺隆水分散粒剂 1 g，兑水 30 kg 喷雾，防除双子叶杂草。

# 9 收获

扬花期机械刈割，留茬 5~6 cm，晾晒至水分小于 14%时打捆拉运，储存在干燥通风处，防止雨淋。

地方标准号：DB/T 1887—2023。

本文件主要起草单位：宁夏回族自治区农业技术推广总站、吴忠市利通区农业技术推广服务中心、永宁县农业技术推广服务中心、宁夏西贝农林牧生态科技有限公司。

本文件主要起草人：朱志明、马自清、刘春光、陈晓军、杨飞、崔勇、张战胜、陆占军、高升、何芳芳、哈东兴、杨自建、毛桂莲、张文丽、周兴隆、左佳伟。

# 引黄灌区麦后复种青贮玉米
# 全程机械化技术规程

## 1 范围

本文件规定了引黄灌区冬麦后复种青贮玉米的播前准备、播种、田间管理等全程机械化技术。

本文件适用于引黄灌区排灌水有保障、无盐碱危害或危害较轻、肥力中上等的壤土地区。

## 2 播前准备

### 2.1 选地

选择排灌方便、当年前作冬麦能适时收获、地力较好、盐碱较轻的地块。

### 2.2 灌麦黄水

于 6 月 18 日至 6 月 20 日（即冬麦收获前 7~10 d）灌好麦黄水，确保后茬玉米播种时土壤有较好的墒情。

### 2.3 整地

冬麦收获后立即清理麦秆，精细整地灭茬。犁地采用拖拉机带翻转犁作业，耕深 20 cm 以上，旋地采用作业幅宽 2 m 左右的旋耕机作业，做到田面平整、土块细碎、上虚下实。

### 2.4 品种选择和种子质量

选用经宁夏农作物品种审定委员会审定通过的品种。推荐使用中夏玉 4 号、新饲玉 12 号、中原单 33 号等品种。种子必须籽粒饱满，纯度≥99.9%、净度≥99%、发芽率≥85%、水分含量≤13%。

## 2.5 施基肥

结合播前整地施用基肥，每 666.7 m² 施有机复合肥 300 kg、尿素 18 kg、40%含量以上的复合肥（26-6-8）30~40 kg，或按照测土配方施肥建议的要求施肥。

# 3 播种

## 3.1 播种规格

可采用匀行播种，行宽 55 cm，株距 20~22 cm，每 666.7 m² 保苗 5 500~6 000 株。

## 3.2 播种期

适宜播种期为 6 月 25 日至 7 月 5 日，最晚不得迟于 7 月 8 日。

## 3.3 播种量

每 666.7 m² 播种百粒重 30~32 g 的有效种子 2.5~3 kg。

## 3.4 播种深度

播种深度 5~7 cm。

## 3.5 种肥

播种时每 666.7 m² 带种肥磷酸二铵 10~15 kg。

## 3.6 播种要求

整地后视墒情抢时抢墒播种，做到行直、落籽均匀、无空穴和重播。采用液压悬挂式圆盘勺轮玉米精量播种机或同性能播种机进行播种。

## 4　田间管理

### 4.1　药剂封闭

播后发芽前每 666.7 m² 用 50%乙草胺乳油 150 mL 兑水 30 kg 封闭。

### 4.2　及时定苗

要求在 5 叶时定苗，1 穴留 1 苗，去小留大。

### 4.3　中耕追肥

7 月 25 日至 7 月 30 日，采用多功能中耕施肥机作业，每 666.7 m² 追施尿素 35~40 kg。

### 4.4　灌水

7 月 25 日至 7 月 30 日灌第 1 水，8 月 15 日至 8 月 20 日灌第 2 水。

## 5　收获

10 月 1 日至 10 月 5 日玉米乳熟期及时收获，带穗青贮，也可与套种玉米秸秆混合青贮。收获时采用青饲料联合收割机。

原地方标准号：DB/T 988—2014。

本文件主要起草单位：宁夏回族自治区农业技术推广总站、吴忠市利通区农业技术推广服务中心。

本文件主要起草人：马自清、韩继军、郭强、杨占喜、何芳芳、马文岐。